AF346545

GUIDE

DE L'AGRICULTEUR

ET DU FABRICANT

D'ENGRAIS.

NANTES, IMPRIMERIE DE CAMILLE MELLINET.

NOTE DE L'ÉDITEUR.

—————

M. le Préfet de la Loire-Inférieure, ayant nommé une Commission, composée de MM. PIHAN-DUFEILLAY, COX, LE SANT fils, LELOUP et A. GUÉPIN, pour étudier les questions qui concernent l'analyse des engrais vendus dans la Loire-Inférieure, cette Commission s'est mise à l'œuvre. Elle a nommé M. Pihan-Dufcillay pour son président, et M. Guépin pour son secrétaire.

Nous publions ses recherches, résultat de cinq mois de travail et de soixante-dix-huit analyses.

Ces études se composent des parties suivantes:

Considérations philosophiques sur l'emploi en agriculture, par suite de la fabrication d'engrais pulvérulents, de substances perdues jusqu'à ce jour ;

Méthode analytique pour reconnaître, par le secours des procédés chimiques, la pureté des résidus de raffinerie ;

Étude sur les caractères et les provenances des principaux résidus de raffinerie ;

Méthode analytique pour étudier, par les procédés chimiques, la composition des noirs composés ;

Méthode analogue pour les poudrettes ;

Méthode analogue pour les cendres et charrées ;

Considérations sur les diverses substances

qui servent ou pourraient servir, dans le département, à la fabrication des engrais pulvérulents ;

Études agricoles sur :

Les tourbes du pays ;
Le charbon de terre ;
Le charbon de bois ;
Le noir de fumée ;
Le charbon de tourbe ;
Le charbon de warech ;
La suie ;
Les cendres et charrées ;
La chaux ;
Le sel marin ;
Les eaux ammoniacales des usines à gaz ;
La chair musculaire ;
Le sang des boucheries ;
Les rognures des tanneries ;
Les rognures tannées et le charbon de cuir ;
Les résidus des fabriques de colle-forte ;
Les matières fécales.

Ce travail se termine par un tableau comparatif du prix à Nantes des divers engrais et des substances qui entrent dans leur composition.

Il y a quelques années, le monde intellectuel
se préoccupait des doctrines de Malthus. A la fin
de la restauration, une véritable lutte s'établit
entre ses sectateurs et ses adversaires. D'un
côté, Malthus et tous les Anglais qui l'avaient
accepté, prétendaient que la misère et son épou-
vantable cortége seront le lot éternel du genre
humain ; dans notre patrie, l'ancien *Globe* et
quelques économistes, sans être aussi absolus
que le maître, soutenaient cependant avec lui
que l'accroissement des produits du sol suit
une progression arithmétique, tandis que l'accroissement du chiffre des hommes suit au con-

traire une progession géométrique. Leurs adversaires prétendaient au contraire que la production en denrées alimentaires peut s'élever beaucoup plus rapidement que la population ; d'abord, parce que chaque homme peut produire bien au-delà du nécessaire ; en second lieu, parce que la science, par ses révélations successives, vient chaque jour au secours de l'homme, lorsqu'il élève son âme par l'étude, c'est-à-dire lorsqu'il s'efforce (en usant religieusement de ses facultés intellectuelles), soit de sonder les grands mystères de la reproduction des êtres, soit d'appliquer aux usages journaliers de la vie les découvertes des savants qui se sont occupés de pure théorie.

L'ancien *Globe* et le *Producteur* prirent surtout part à cette lutte. L'ancien *Globe*, par le rédacteur de sa partie économique, soutenait, nous l'avons déjà dit à peu de chose près, la thèse de Malthus, et ce que ses écrivains n'osaient livrer à la presse, ils le disaient de vive voix à la jeunesse qui venait les écouter dans leurs salons. Le *Producteur* affirmait que nous marchons vers une perfectibilité indéfinie, et qu'il ne s'agit que de réglementer les grands intérêts de l'industrie, de l'agriculture et du commerce, que d'aménager convenablement les immenses ressources gaspillées jusqu'à ce jour par la plus insouciante et la plus imprudente des consommations.

Nous venons aujourd'hui fournir des preuves en faveur de la perfectibilité indéfinie et du mauvais emploi des ressources sociales sur toute la surface du globe. Nous espérons qu'elles seront concluantes.

L'usage des engrais pulvérulents, introduit dans l'ouest de la France depuis une vingtaine d'années, a déjà changé l'agriculture des contrées qui s'en servent. Le noir résidu des raffineries que l'on y emploie en quantités considérables, y suffit en moyenne à la dose de cinq cents kilogrammes pour fumer un hectare de terre.

Ses avantages sont immenses ; partout où il

serait difficile et coûteux à cause des charrois de conduire les fumiers des étables, le noir se transporte aisément. — Parfaitement pur, de mauvaises graines, il rend les sarclages moins importants et moins difficiles ; agissant surtout pendant la saison chaude comme tous les engrais animalisés, il donne, à l'époque de la fructification, une grande supériorité aux blés, pour lesquels on en a fait usage. On s'en sert aujourd'hui pour toutes les cultures, pour les blés, pour le sarrasin, pour les choux, les navets, les betteraves, les colzas, pour les légumes de nos jardins et même pour les prairies. Des essais tentés sur les chanvres promettent des résultats identiques à ceux obtenus sur les autres récoltes.

Multiplier les engrais pulvérulents, ce serait donc permettre de défricher toutes les terres, et d'améliorer toutes celles qui sont en culture ; mais où trouver la masse énorme de substances fertilisantes réclamées par l'agriculture ?

Nous l'avons déjà fait pressentir ; ce ne sont pas les ressources qui manquent à l'homme, c'est l'homme qui manque à leur emploi et surtout à leur aménagement.

Aujourd'hui, nous conduisons à nos fleuves, comme pour en altérer la pureté, une énorme quantité de matières fécales.

Aujourd'hui, nous laissons perdre le sang des boucheries dans beaucoup de bourgs et de villages et même dans beaucoup de villes.

Aujourd'hui, au lieu d'en tirer parti, nous enfouissons presque partout les animaux incapables de service après les avoir dépouillés de la peau.

Aujourd'hui, nous laissons perdre sur le rivage une foule de poissons morts, lorsque leur chair serait un excellent engrais.

Aujourd'hui, nous laissons se putréfier dans les immenses prairies du Nouveau-Monde les animaux abattus pour leur peau, et nous n'exploitons ni la chair desséchée des baleines, ni celle des requins et des autres grands poissons de l'Océan.

Aujourd'hui, nous songeons seulement depuis

une ou deux années à utiliser les montagnes de phosphate de chaux que possède la Péninsule espagnole. Nous n'avons sur nos côtes ni moulins à marée, ni moulins à vent pour moudre, soit avec des meules horizontales, soit avec des meules verticales, les bancs de coquillages que nous pourrions employer avec tant d'avantage s'ils étaient réduits en fine poussière.

Aujourd'hui, la tourbe ne sert que pour frauder les engrais, tandis qu'elle devrait être la base d'engrais nouveaux, que varieraient des additions de matière animale et de substance calcaire ou saline, dans des proportions adaptées aux diverses localités qui les recevraient.

Dans l'état actuel des choses, une ville comme Nantes, par exemple, qui compte cent mille âmes dans sa population sédentaire et flottante, peut fournir en sang, matières fécales, résidus d'écarrissages, têtes de sardines, bouillons de tripes et autres matières animales, en eaux ammoniacales des fabriques de gaz, etc., etc., en résidus des fabriques de colle-forte, une quantité suffisante pour animaliser convenablement soixante mille hectolitres d'un mélange de phosphate de chaux et de tourbe, qui, après cette préparation, pourrait fertiliser 10 mille hectares de terre, et cependant à Nantes il existe des égoûts qui conduisent à la Loire une masse énorme de produits utiles à l'agriculture, et la répurgation y enlève une foule de substances, qui, dans les petites villes, viendraient augmenter la masse de celles que nous avons citées.

Ainsi donc, selon nous, les besoins de nourriture et d'industrie de dix hommes des villes fournissent chaque année en résidus de toute espèce une masse suffisante pour fumer un hectare de terre, pourvu toutefois qu'elle soit employée avec intelligence et discernement.

Ce qui est vrai des grandes villes, l'est encore beaucoup plus des petites. C'est là surtout que les rognures des tanneries se vendent à vil prix, que la chair des animaux morts n'est jamais exploitée, que le sang des boucheries coule sur le pavé ou sert uniquement à bonifier des fumiers dans lesquels la fermentation en détruit une grande partie. C'est là encore que les matières fécales employées pures, quand elles ne sont pas perdues, sont constamment utilisées avec des procédés arriérés. On y brûle au foyer les rognures des corroieries, l'on y méprise toute cendre qui ne peut servir au lessivage des tissus, etc., etc.

En évaluant, ce qui est trop minime, à 13 millions les populations agglomérées de la France, on voit de suite qu'elles peuvent fournir l'engrais annuel nécessaire pour 1,300 hectares de terre, engrais qui pourrait aller au double dans quelques années, en y ajoutant les lies de vin et de cidre, les mélasses des sucreries de betteraves, les eaux de lessives, les eaux des amidonneries, les résidus des distilleries et tant d'autres produits mal vendus jusqu'à ce jour ou tout-à-fait abandonnés. Cependant, 2600 hectares, cela représente 6500 kilomètres carrés, c'est-à-dire un carré de 160 kilomètres de base.

Si, à cette immense ressource des engrais pulvérulents fabriqués avec les produits de notre sol, nous ajoutons ceux que l'on peut fabriquer avec les viandes desséchées venant des contrées tropicales, et toute cette masse d'engrais que peuvent nous donner sous d'autres formes nos carrières de chaux, de plâtre, nos mines de sel et nos marais salants, nos tourbières, nos goëmons et nos bancs de coquillages, nos cendres, nos charrées, nos vases des rivières et des bords de la mer, il devient par trop évident que jusqu'à ce jour ce n'est point l'engrais qui a manqué à notre agriculture pour la rendre prospère, mais l'industrie nécessaire pour la mise en œuvre des substances dont on pouvait faire usage. Nous avons manqué encore de voies de communications et de cet esprit commercial avec lequel l'Angleterre recueille sur toute la surface du globe les denrées de première nécessité nécessaires à la prospérité de la patrie.

Au lieu donc de nous alarmer et de gémir

sur un avenir que rien ne nous promet, demandons à l'étude de la nature les moyens de fournir aux besoins des générations actuelles et de celles qui nous succéderont sur cette terre. Loin de croire que la misère doive s'accroître et marcher progressivement, réfléchissons à ce qui existe, et soyons bien convaincus que le sol est fécond en raison des soins et des engrais qu'on lui donne, que l'accroissement de la population entraîne avec lui, sur une surface cependant invariable, et l'accroissement des engrais, et l'accroissement du nombre des animaux dont l'homme fait usage, et en dernière analyse l'accroissement des bras qui peuvent labourer et féconder la terre.

GUIDE

DE L'AGRICULTEUR

ET

DU FABRICANT D'ENGRAIS.

PREMIER RAPPORT

DE LA COMMISSION DES ENGRAIS.

Monsieur le Préfet,

La première question que vous nous avez soumise est celle-ci : Comment reconnaître à l'analyse les noirs engrais purs résidus de raffinerie? Quelle méthode devra suivre l'Inspecteur des engrais pour arriver à ce résultat ?

Voici notre réponse :

Pour analyser des noirs présentés comme résidus purs de raffinerie, le chimiste en prend cent parties qu'il met à sécher à l'étuve, à une température de 100 degrés. La perte qui varie beaucoup, selon l'état des noirs, donne à la seconde pesée le chiffre de leur humidité : c'est ainsi que nous avons trouvé récemment en humidité :

Sur cent parties de noirs

De Marseille. 34   5
De Nantes, pris à la sortie du filtre.   35   »
De Hambourg. 21   »

Le noir sec, le chimiste en pèse cinq grammes, qu'il traite aussitôt par une solution de potasse caustique marquant dix degrés au pèse-eau. On laisse cette solution froide réagir pendant une heure et demie sur le noir, et l'on filtre. Prenant la liqueur filtrée, on y verse de l'acide chlorydrique, la matière animale se précipite ; on filtre de nouveau pour séparer ce précipité ; on le lave à l'eau distillée pour lui enlever le plus possible du chlorure de potassium qu'il contient, puis on a recours à la dessication, afin de pouvoir vérifier par la chaux et par la combustion, la nature animale de cette substance. Reprenant le résidu resté sur le filtre, on le dessèche et on le pèse (1), après l'avoir lavé à l'eau distillée, puis on le traite de nouveau, mais à chaud, par une solution de potasse qui marque 20° au pèse-eau.

Cette nouvelle opération enlève au noir les

---

(1) Cette pesée donne le chiffre de la matière animale, des sels solubles et de la mélasse. Des lavages à l'eau chaude, nous ont appris que les noirs de Russie contiennent, en général, 1 à 2 pour 0\|0 de nitrate de chaux ; que les noirs d'Allemagne abandonnent à l'eau chaude 1 pour 0\|0 d'une matière animale très-difficile à incinérér, et que les noirs de France, traités de la même manière, donnent 1 pour 0\|0 de sels solubles et de matières sucrées.

substances végétales non carbonisées qu'il contient; le résidu obtenu renferme alors le charbon, la silice et les sels de chaux, on le pèse comme moyen de vérification et pour connaître exactement la somme de substances végéto-animales contenue dans le noir; on le calcine ensuite et l'on pèse de nouveau. Cette pesée nouvelle, donne d'une part le chiffre du charbon, de l'autre celui de la silice et des sels de chaux réunis. — Il convient alors de traiter le résidu à chaud et deux fois de suite, afin de l'épuiser complétement par quatre fois le poids total du noir employé, soit 20 grammes d'acide chlorydrique étendu de 12 grammes d'eau, le filtre retient la silice et laisse passer les sels de chaux rendus solubles. On pèse la silice après avoir desséché le filtre, et il ne reste plus qu'à déterminer les proportions relatives de phosphate et de carbonate de chaux.

On verse de l'ammoniaque en excès dans la liqueur, le phosphate de chaux se précipite; on le recueille sur un filtre, on le calcine avec le filtre dans un creuset, on déduit le poids des cendres du filtre, et l'on a son poids réel.

On prend la liqueur, on y verse de l'oxalate d'ammoniaque, il se forme un nouveau précipité que l'on traite comme le précédent, mais avec précaution, pour réduire l'oxalate de chaux à l'état de carbonate, sans le transformer en chaux vive. On pèse le résultat de cette dernière opération et l'analyse se trouve complète.

Exemple :

25 grammes de noir d'Allemagne ont perdu par la dessication 5 , 42 , ce qui donne sur cent parties 21 , 68.

Nous prenons 5 grammes de ce noir sec, ou plutôt cent parties, et le premier traitement par la potasse nous donne une perte de 6 , 20 ; le second traitement nous donne une perte de 1. La calcination nous donne une nouvelle perte de 11 , 40 ; la réaction de l'acide chlorydrique diminue le résidu de 21 , 04 ; la calcination des phosphates donne, déduction faite du poids du filtre calciné, 49, 52 ; le précipité obtenu par l'oxalate d'ammoniaque pèse, une fois réduit en carbonate de chaux, 10, 60 ; ce qui donne le tableau suivant :

Sels solubles et matière animale.	6	20
Matières végétales.	1	»
Charbon.	11	40
Silice.	21	04
Phosphate.	49	52
Carbonate.	10	60
Perte.	»	24
	100	»

Une opération aussi complète durant quinze heures, et pouvant se prolonger au-delà, nous avons dû songer aux moyens de la rendre plus praticable et de la mieux approprier aux besoins du commerce; aussi, croyons-nous que l'on peut se contenter de faire ce qui suit :

Peser d'abord 25 grammes, les dessécher à une température constante, et noter le chiffre de l'humidité.

Peser trois doses de noirs de 5 grammes chacune, et les soumettre aux manipulations suivantes :

La dose *A* est traitée par la solution de potasse à 10° à froid et pendant une heure et demie; puis on filtre, puis on pèse et dessèche le résidu, puis on traite à chaud par la potasse à 20°, puis on filtre, puis on pèse le résidu.

Pendant ce temps, la dose *B* est calcinée dans un creuset. Le résidu de cette calcination est pesé, et la perte représente la somme des poids du charbon, de la matière végétale et de la matière animale.

Pendant que ces opérations ont lieu, une troisième dose *C* est soumise à l'action de l'acide chlorydrique étendu d'environ 2/5e de son poids d'eau. Cette opération est renouvelée une seconde fois, et le résidu du filtre séché et pesé donne le poids total de la silice, du charbon, des matières végétales et animales, ainsi que le poids total du phosphate et du carbonate de chaux.

1 *

Pour terminer son opération, le chimiste n'a plus qu'à précipiter son phosphate, à le sécher par la calcination et à le peser; il peut se contenter de reconnaître l'existence d'un sel de chaux dans la liqueur qui reste, et obtenir, par une simple soustraction, le poids du carbonate primitivement contenu dans le noir. La durée de ces opérations n'est plus que de trois à quatre heures; nous avons constaté que l'homogénéité des noirs est rarement assez grande, surtout dans les noirs d'Allemagne, pour que les chiffres obtenus aux diverses pesées se correspondent exactement; mais aussi on a entre les mains les moyens de continuer une opération qu'un accident aurait interrompu à moitié.

Si l'on examine les chiffres des arrivages des noirs qui viennent à Nantes, l'on trouve que notre ville reçoit chaque année 20,000 hectolitres de Marseille, 20,000 de Russie, 10,000 de Bordeaux, dont l'analyse est moins difficile que celle des 70,000 hectolitres qui viennent d'Allemagne et de Hollande; encore devons-

nous ajouter que, parmi ces derniers noirs, plusieurs, pour la composition chimique, ressemblent
complétement aux précédents.

Prenant une éprouvette graduée, semblable
à celles qui servent aux analyses des gaz, dont
cinq divisions étaient exactement remplies par
5 grammes d'eau froide et distillée à son maximum de densité, nous avons fait les expériences
suivantes :

Cinq grammes de chacune des espèces de
noirs ci-dessous désignées, ont été, après dessication préalable, mesurées dans le tube gradué,
de manière à fournir une indication intéressante
sur leur volume et sur leur densité ; chaque noir
a été ensuite calciné, pesé et mesuré dans le
tube gradué, de telle façon que l'on a pu com-
parer son nouveau poids et son nouveau volume au poids et au volume fournis par le premier mesurage et par la première pesée.

	Volume dans le tube de 5 grammes de noir desséché.	Volume de 5 grammes après la calcination.	Perte pour 100 parties en volumes.		Perte pour 100 parties en poids.	Pesanteur spécifique.	
Noir de Russie du navire l'*Hercule*. .	27	23	12	»	24	92	4
Autre Noir de Russie.	27	23	12	»	21	92	4
Noir Bachelet. . . .	41	23	43	8	51	60	82
Noir de Nantes. . .	29	23	15	»	27	86	20
Noir de Marseille très-pur.	27	23	14	9	27	92	4
Noir d'Allemagne. . .	24	19	28	»	22	104	16

Nota. — Le noir d'Allemagne, qui est habituellement beaucoup plus léger que les autres noirs, donne, par suite de l'examen au tube gradué, un résultat auquel on ne s'attendrait pas, si l'on ignorait que ce noir renferme de la silice et qu'il doit sa légèreté au moment de la vente à la séparation de ses molécules, produite par une longue fermentation.

En comparant les chiffres fournis par ces opérations, nous trouvons qu'il est impossible, même pour un homme très-peu au fait des expériences chimiques, de ne pas considérer le noir *Bachelet* comme sortant tout à fait de la ligne des résidus de raffinerie ; il est évident aussi que les chiffres du noir d'Allemagne sont trop éloignés des autres, pour ne pas fixer l'attention ; si, avant de procéder à ces pesées et à ces mesurages, le chimiste avait déjà, par avance, reconnu l'existence de matière animale dans les noirs au moyen de chaux caustique, son opération ne serait pas complétement faite sans doute ; mais il posséderait des indications précieuses pouvant réduire considérablement ses opérations ultérieures ; peut-être même arriverait-il ainsi à se dispenser, dans beaucoup de cas, de rechercher la matière animale autrement que par une simple soustraction du charbon proportionnel au phosphate et au carbonate de chaux. Prenons pour exemple le second noir de Russie de notre tableau :

1. Le chimiste en dessèche 20 à 30 grammes ;

2. Il en pèse 5 grammes ;

3. Ces 5 grammes desséchés sont versés dans une éprouvette telle que celle dont nous avons fait usage , et ils en occupent 27 divisions , ce qui prouve que leur pesanteur spécifique est de 92, 40, celle de l'eau étant de 100;

4. Ces 5 grammes calcinés ont occupé 23 divisions de l'éprouvette, d'où cette conclusion, que la perte en volume a été de 12 p. $^{\circ}/_{\circ}$;

5. Le résidu calciné est pesé et donne une perte de 21 p. $^{\circ}/_{\circ}$.

Pour tout homme qui a l'habitude des analyses de noirs , il est complétement prouvé que les 21 de perte correspondent au charbon du charbon d'os , aux matières végétales et animales du noir; au lieu donc de faire une analyse quantitative , l'on peut se borner à rechercher la quantité de phosphate de chaux , laquelle, par une simple soustraction , donne la quantité de carbonate ; l'analyse se trouve ainsi terminée , et l'on peut écrire , sans crainte d'erreur, le noir examiné renfermait :

Sels solubles , phosphate et carbonate de chaux.. 79

Charbon, matières animales et végétales.   21 d'où il résulte que c'est un résidu pur de raffinerie.

On a souvent prétendu, jusqu'à ce jour, que les noirs de Russie ne contenaient pas de matières animales et qu'il n'y avait que très-peu de matières végéto-animales dans les noirs de Marseille ; des expériences faites avec soin nous ont prouvé qu'il y avait au moins plus de 2 p. % en poids de ces substances dans tous les noirs que nous avons analysés ; si donc on se rappelle l'énorme quantité de gaz que peuvent produire cinq centigrammes de matière animale desséchée, on ne sera nullement surpris de la puissante vertu que communiquent à des noirs 2 kilog. de matière sèche.

En terminant ce travail, nous croyons devoir insister auprès de vous, Monsieur le Préfet, pour que jamais les noirs reconnus purs résidus de raffinerie ne soient classés par le chimiste-vérificateur; toute opinion individuelle et consciencieuse est respectable, mais ne saurait être imposée en aucune façon, surtout lorsqu'elle n'est acceptée que par une très-petite minorité. Dans l'état actuel de la science, on peut émettre une opinion sur les causes de la propriété fertilisante des résidus de raffinerie, mais la vérité mathématique de ces causes est encore à démontrer.

CONCLUSION.

Lorsque des noirs seront apportés au vérificateur, comme noirs purs de raffinerie, il en desséchera 25 à 30 grammes, puis il fera les opérations suivantes:

1. Une petite quantité de noir sera triturée avec de la chaux ou de la potasse caustique, pour voir s'il contient ou s'il ne contient pas de matière animale.

2. Cinq grammes desséchés seront versés dans un tube gradué, dont les cent divisions corres-

pondront à 20 grammes d'eau, comme cela a lieu le plus souvent pour les éprouvettes à gaz ; si le volume dépasse 30, ce sera un indice défavorable contre le noir à analyser.

3. Les cinq grammes mesurés seront calcinés ; mais, préalablement, le chimiste-vérificateur déduira la pesanteur spécifique de son noir, par le chiffre obtenu au mesurage.

4. Le noir calciné sera mesuré, puis pesé de nouveau ; s'il provient de Nantes ou des autres ports français, de Trieste ou de Russie, la perte en poids pourra varier entre 18 et 30. Pour les noirs à gros grains, elle dépassera rarement 25 ; pour les noirs fins, elle sera généralement en moyenne de 27.

5. Le résidu de la calcination sera complétement épuisé de phosphate et de carbonate de chaux, dont les quantités devront être séparées l'une de l'autre par l'analyse.

6. Le charbon proportionnel au phosphate et au carbonate de chaux étant au plus de 16 en poids, lorsque les phosphates et carbonates pè-

sent 70, il en résulte que ce fait conduit immédiatement à une appréciation assez grande de la pureté des noirs qui perdent 30 à la calcination; car il est évident alors qu'ils renferment 14 p. 0/0 de substances qui peuvent contenir de la fraude. Le chimiste-vérificateur pourra donc, si le produit de la calcination s'est bien redissous dans les acides, s'il a trouvé de la matière animale dans le noir, au moyen de la chaux, et si la perte de la calcination est au-dessous de 30 pour un noir fin, car pour un gros noir, elle devrait être moins considérable encore, le chimiste-vérificateur, pourra, disons-nous, dans ce cas, déclarer le noir pur résidu de raffinerie, sans se livrer à une opération ultérieure.

7. Si le produit de la calcination donne beaucoup de substances insolubles dans les acides ou de sels de fer, pour peu que le déchet de cette opération s'élève même à 28, 29 ou 30 pour les noirs fins, et 25 ou 26 pour les gros noirs, le chimiste-vérificateur devra faire une analyse plus complète, et traiter 5 grammes de noir des-

séché par la potasse à froid, pesant 10 degrés à l'aréomètre de Baumé.

8. Une fois les altérations trouvées, le chimiste-vérificateur doit s'efforcer, autant que possible, de reconnaître le volume qu'elles produiraient: car si elles dépassent 10 p. 0/0, nous ne croyons pas que le noir puisse être déclaré résidu pur de raffinerie.

9. Le chimiste-expert ne tiendra compte des provenances que pour faciliter son travail, le commerce devant rester libre, si cela lui convient, de mélanger des noirs purs de Hambourg, de Marseille ou de Nantes, à des noirs purs d'Allemagne ou de Russie.

La Commission, M. le Préfet, croit devoir ajouter qu'il serait bon que vous fissiez prévenir MM. les raffineurs des pays étrangers des mesures que vous prenez à Nantes, afin de diminuer, autant que possible, la somme des altérations qu'ils peuvent laisser pénétrer dans leurs noirs.

Une dernière question, après tout ce qui précède, est encore à expliquer plus nettement qu'elle ne l'a été. Qu'entend la Commission par cette désignation, résidu de raffinerie ? Que doit donner l'analyse, pour que les noirs soient déclarés tels ?

Voici notre réponse :

Dans les noirs purs, la matière animale peut varier de 2 à 10 pour 0/0 ; on peut y rencontrer 2 à 3 0/0 de substances végétales organiques, 1 à 2 de chaux, de 80 à 98 de charbon d'os ; ces variations dans la composition des noirs, qui nous paraissent les points extrêmes, se présentent fort peu dans la pratique ; mais elles se présentent quelquefois ; de là le nombre et la sévérité des opérations analytiques que nous vous avons proposées.

SECONDE PARTIE.

A la réponse officielle que nous venons de vous faire, nous croyons utile, M. le Préfet, de joindre quelques renseignements.

Le noir pur résidu de raffinerie varie beaucoup selon les lieux de provenance, tant sous le rapport de l'humidité qu'il contient, que dans ses propres éléments constitutifs ; on le distingue dans le commerce en :

Noir de Trieste.

— Marseille.

— Bordeaux.

— Nantes.

— Rouen.

— Gand et d'Amsterdam.

— Allemagne, de Russie, d'Angleterre.

Le noir résidu pur de raffinerie a pour base le charbon d'os, dont voici la composition (1) pour trois échantillons :

----

(1) Nous n'avons pas tenu compte des sels de fer contenus dans le charbon d'os, dont la quantité est très-minime. — La silice est en général fort peu de chose, cependant, dans du noir moulu avec des meules fraîchement piquées, on en trouve parfois jusqu'à 2 p. 0|0. Trop souvent ces charbons sont altérés en France par du char-

Charbon.	14	81	15	06	18	27
Phosphate de chaux. .	69	23				
Carbonate de chaux. .	15	92	84	95	81	72
Silice et perte.	»	02	»	»	»	01

Ce charbon s'imprègne dans les raffineries de matières sucrées et du sang qui a servi à la clarification; on y trouve encore toutes les impuretés primitivement contenues dans les sucres et une petite quantité de chaux.

Lorsqu'on analyse les noirs, on voit que selon les diverses provenances, les éléments des résidus purs de raffinerie varient beaucoup; ainsi, la matière animale atteint à peine, quelquefois, 1 p. 0/0; dans d'autres circonstances elle va presque jusqu'à 10. Cette quantité est toujours plus considérable en volume, à cause de la faible pesanteur spécifique de la matière animale desséchée; on trouve rarement plus de 1 p. 0/0 de sub-

bon de bois. Nous en avons rencontré 10 p. 0/0 tout dernièrement dans un noir décolorant que l'on nous garantissait comme pur.

stances végétales; cependant, autrefois, il était assez commun de voir arriver, surtout d'Allemagne, des noirs contenant d'énormes proportions de mélasse; mais alors les noirs n'étaient pas lavés comme aujourd'hui pour faire du vinaigre, par de petits industriels appelés *siropiers;* il est bien rare que la chaux atteigne 2 p. 0/0 lorsque le résidu de raffinerie est parfaitement pur, le reste se compose de charbon d'os.

Il n'est pas sans importance de connaître à quelle circonstance les noirs de raffinerie doivent leur propriété fécondante; cette question mérite d'être examinée et discutée avec soin.

Quelques personnes prétendent que cet engrais doit sa valeur au phosphate et au carbonate de chaux qu'il renferme. C'est une erreur; si, en effet, l'on prend du noir vierge, 24 hectolitres de cette substance ne produisent pas, dans un hectare de terre, le même effet que 6 hectolitres des noirs qui ont servi au raffinage. Les agriculteurs les plus experts regardent le charbon d'os comme à peine comparable aux charrées inférieures.

D'autres personnes ont prétendu que les noirs devaient à la mélasse leur propriété fertilisante. Cette proposition est beaucoup trop absolue. L'on remarque, en effet, que, parmi les résidus de raffinerie, ceux qui sont épuisés de mélasse, par les lavages des *siropiers*, réussissent tout aussi bien que les autres ; cependant, l'on peut faire valoir en faveur de cette opinion, que le charbon d'os imprégné de mélasse est beaucoup plus favorable à la végétation que le charbon d'os pur ; des essais qui ont été faits à Guerande ne laissent aucun doute sur la vérité de cette assertion. M. Payen aurait donc été beaucoup trop loin, lorsqu'il a prétendu que la mélasse était nuisible dans les noirs.

Dé quelle manière agit la mélasse, pour donner des propriétés fertilisantes au charbon d'os? Le rendrait-elle plus facilement soluble, par la production d'une certaine quantité d'acide acétique ? Cette question n'est pas encore suffisamment éclairée, pour que nous nous permettions de la juger. Nul doute que les phosphates solubles ne soient très-avantageux à l'agriculture, puisque l'on trouve des phosphates dans les céréales qui nous servent de nourriture, et que ces phosphates n'ont pu y parvenir que transportés par la sève ; mais une induction n'est pas une preuve, et nous nous garderons de considérer ici des présomptions plus ou moins fondées comme des vérités bien établies.

La même erreur commise au sujet de la mélasse et des sels de chaux, l'a été au sujet du charbon et de la matière animale. Quelques physiologistes ont prétendu, en effet, que le noir résidu des raffineries devait exclusivement ses propriétés à la matière animale qu'il renferme et à la conservation de cette matière animale par le charbon, qui la livrait aux plantes, au fur et à mesure de leurs besoins. Plusieurs établissements ont été formés sur une grande échelle d'après cette donnée, qui est exacte, mais incomplète. Tous ces établissements ont succombé. Chaque fois, en effet, que leurs produits ont dû être employés dans des terres pauvres, l'excitation donnée à la végétation ne s'est plus trouvée en rapport avec la quantité de nourriture que les plantes devaient trouver dans le sol ; et, après avoir poussé d'abord d'une manière extraordinaire, elles n'ont pas tardé à dépérir. Ajoutons que les noirs de fabriques ainsi composés, ont été trop souvent revendus dans le commerce avec le titre de noirs purs résidus de raffinerie, de manière à faire tomber les agriculteurs dans des erreurs qu'ils eussent pu éviter sans cela, en mélangeant leurs noirs factices avec des engrais connus. Nous aurons occasion, M. le Préfet, de revenir sur cette question, lorsque nous parlerons des noirs fabriqués à Nantes ; la fraude demande à être rigoureusement poursuivie ; mais les intérêts des fabricants qui livrent au commerce des produits loyalement préparés ne sont pas moins sacrés pour vous et pour la commission que vous avez appelée à vous aider dans cette circonstance. Convenons, du reste, que si les noirs factices loyalement préparés réussissent toujours, lors-

qu'ils contiennent une certaine quantité de substances salines qui ne doit pas s'élever à moins
d'un quart, non en poids, mais en volume, c'est
que, dans les résidus purs de raffinerie, chaque substance joue un rôle important; aussi,
n'est-il point d'engrais plus heureusement ap-
proprié par sa forme, son poids, son volume
sous un poids donné, son énergie à petite dose,
sa facilité de transport et d'emploi aux besoins
de l'agriculture de nos contrées. Il y a vingt
ans l'on n'en faisait aucun usage, et les raffineurs ne savaient où déposer ce produit; à cette
époque, par suite des habitudes du raffinage,
les noirs de France étaient généralement plus
animalisés qu'aujourd'hui ; aussi leur odeur
était-elle plus infecte encore lorsqu'ils entraient
en fermentation. Notre Maire actuel, M. Fer-
dinand Favre, fut le premier à penser que l'on
pourrait tirer parti de ce résidu : il en acheta à
vil prix une quantité notable, il en donna pour
essai à plusieurs paysans, lui-même il en em-
ploya dans un jardin ; mais il arriva chez lui ce

qui était arrivé déjà chez un raffineur de Nantes. Les plantes et les arbres que l'on avait voulu féconder périrent tous ; et la seconde année, la végétation, sur les points qui avaient été brûlés, la première, devint extraordinaire ; cet enseignement et ces essais ne furent point perdus. Bientôt partirent pour les autres raffineries de France et pour le nord de l'Europe, des spéculateurs qui achetèrent, par des marchés à livrer, tous les résidus de raffinerie et qui débarrassèrent les grandes villes de montagnes de noirs entassés dont elles redoutaient l'infection. Sur quelques points, ils remplacèrent les noirs qui avaient servi à faire des remblais et obtinrent de les enlever. Nantes alors devint l'entrepôt d'un commerce immense ; tous les ports de France, Trieste, la Belgique et la Hollande, l'Angleterre, l'Allemagne et la Russie, lui versèrent les résidus de leurs sucreries. Quelques noirs employés trop frais et en quantités trop considérables, détruisirent des récoltes ; mais la grande somme d'excellents résultats obtenus fit triompher l'emploi de cet engrais précieux. La Bretagne, si pauvre de chemins vicinaux dans son intérieur, et par suite si pauvre d'engrais, ne tarda pas à rechercher avec avidité les résidus de raffinerie et à faire concurrence à la ville de Nantes. N'est-il pas admirable, en effet, que l'on puisse avec six hectolitres de cette substance pesant en moyenne, au moment de l'achat, 500 kilogrammes, remplacer une forte fumure demandant de nombreux charrois ? Il en est résulté que les ports de Bretagne, que Vannes, Brest, Saint-Brieuc, Saint-Malo, nous font aujourd'hui une concurrence redoutable qui absorbe quelques noirs de Marseille, une bonne partie des noirs de Bordeaux, presque tous ceux de la Normandie et des quantités considérables de noirs de Gand et d'Amsterdam. Quant aux noirs de Paris, ceux qui entrent dans la Loire par les canaux, s'arrêtent aujourd'hui dans le département de Maine-et-Loire.

Les résidus de raffinerie ayant un caractère

spécial, selon le lieu de leur provenance, nous croyons devoir décrire ici les principaux.

Le noir de Marseille est d'un grain très-fin; il est doux au toucher, peu riche en matière animale, d'un poids spécifique considérable, car il atteint et dépasse souvent 100 kilog. par hectolitre, au moment où il arrive à Nantes. Son humidité normale ne doit pas aller au-delà de 35 p. 0/0 du poids des noirs; il a toujours été recherché des fraudeurs à cause de son odeur de beurre pourri, de sa finesse, de sa couleur, et surtout parce qu'il donnait aux mélanges une somme considérable de phosphate de chaux, par suite de laquelle ces mélanges obtenaient à l'analyse une note beaucoup plus favorable que s'ils avaient été faits avec des noirs d'Allemagne, inconvénient grave, que vous avez voulu prévenir, monsieur le Préfet, lorsque vous avez décidé que dans votre département, tout noir qui ne serait pas résidu de raffinerie porterait désormais un nom, ne permettant plus de confusion pour l'acheteur, avec les dénominations des divers noirs de raffinerie qui nous viennent de France et de l'étranger. Les noirs de Marseille ont été souvent altérés à Marseille même, soit avec des lignits, soit avec du charbon. Dès 1834 et 1835, les arrivages de cette provenance n'avaient plus une qualité uniforme ; mais tout annonce que les mesures prises à Nantes réagiront sur les précautions prises ou à prendre à Marseille pour éviter la fraude.

Le noir de Trieste est d'un grain moins fin en général que celui de Marseille, sa couleur varie, sa pureté est assez grande. Les noirs de Bordeaux étaient autrefois très-estimés ; les altérations qu'ils ont subies dans ces dernières années, par suite de l'introduction de 20, 30 et 40 litres quelquefois de substances tourbeuses ou de lignits par hectolitre, les ont fait tomber sur le marché de Nantes. Les noirs de Nantes sont extrêmement appréciés par les cultivateurs ; il est rare que nos raffineurs ne les vendent pas au-dessus de 24 fr. la barrique ; il en a été ven-

du, à notre connaissance, au prix de 33 fr.
dans les années dernières. Ces noirs sont aussi
fins que ceux de Marseille, ils ont moins perdu
par la fermentation, ce qui leur donne une qualité supérieure. Les noirs de Paris et de la Normandie ne diffèrent en rien des autres noirs de
France, excepté toutefois ceux qui proviennent
des fabriques de sucre de betterave. Les noirs
de Gand sont d'un aspect tout-à-fait différent
des nôtres; on y trouve souvent des morceaux
de sang coagulés presque aussi gros que le poing;
leur odeur est extrêmement fétide ; ils sont très-
recherchés dans le commerce par ceux qui les
connaissent, mais les autres agriculteurs s'en
défient, et craignent avec raison d'acheter toute
autre chose que du noir de Gand. Les arrivages
d'Amsterdam sont assez variables; quelquefois
l'on met dans les noirs de ce pays les résidus
des distilleries. Les noirs d'Allemagne étaient
connus autrefois à Nantes, dans le commerce,
sous le nom générique de noirs de Hambourg.
L'on confond encore aujourd'hui, sous cette dé-

nomination, les noirs de Cologne, Brême, Hambourg, Stettin, Berlin, Copenhague et quelques autres. Ils nous arrivent tous en pleine fermentation; ils sont par suite très-chauds, moins humides que les noirs de Marseille, car on y trouve habituellement un cinquième d'humidité normale; ils sont mousseux, en pelotes qui présentent des moisissures dans leur intérieur; leur pesanteur spécifique s'élève rarement au-dessus de 80 kilog. au moment de la vente. Le plus souvent elle est au-dessous. Ces noirs donnent à l'analyse, non pas 2 ou 3 p. 0⁄0 de matière animale, comme les noirs de France, mais le plus souvent 2, 3 et quelquefois 4 fois plus. On y trouve environ 1 p. 0⁄0 de matière végétale de 10 à 20 en poids de véritable sable très-fin, le reste se compose de charbon d'os. Ce noir a encore pour caractère d'être malpropre, de contenir des morceaux de bois, des débris de paillons, de sentir l'odeur des fosses d'aisance, ce qui est dû à l'ammoniaque dégagé par la fermentation; il est très-estimé des agriculteurs;

les fraudeurs le rejettent, à cause de sa pesanteur spécifique et de son infériorité en phosphate de chaux, par rapport aux noirs de Marseille.

Les noirs de Russie sont lourds comme les noirs de Marseille ; généralement ils donnent à la calcination un déchet un peu moindre que les noirs de Marseille et de Nantes ; ils sont très-gros ; les agriculteurs les estiment 2 fr. de moins l'hectolitre que les noirs d'Allemagne ; leur pesanteur spécifique dépasse habituellement 100 kilog. par hectolitre, au moment de la livraison ; l'on ne rencontre aucun noir plus pur dans le commerce.

Les noirs d'Angleterre sont, en général, des noirs factices, contenant une petite proportion de résidus de raffinerie, soit un tiers, quelquefois moitié, très-rarement deux tiers, mêlés à un noir factice contenant des résidus de féculerie, des matières fécales et des substances végéto-animales de toute espèce. Ce noir n'a jamais trompé les espérances de l'agriculteur, quand il a été employé convenablement ; c'est-à-dire desséché, pulvérisé, tamisé et mêlé à une certaine quantité de cendre ou même de terre desséchée, avant d'être semé sur le sol.

Ces renseignements, M. le Préfet, sont loin d'être complets; mais lorsque nous vous entretiendrons des différents noirs factices, des poudrettes et des cendres lessivées ou non lessivées, nous trouverons occasion de revenir sur les faits importants que nous avons omis cette fois; veuillez croire, M. le Préfet, que la commission que vous avez chargée de vous venir en aide comprend toute la gravité des fonctions que vous lui avez confiées et qu'elle ne négligera rien pour remplir dignement sa mission, désireuse qu'elle est de justifier votre confiance et de rendre service au pays.

DEUXIÈME RAPPORT

DE LA COMMISSION DES ENGRAIS.

Monsieur le Préfet,

L'analyse des noirs factices est plus difficile que celle des noirs résidu pur de raffinerie ; le jugement à porter sur leur qualité est un véritable problème dont la solution réclame la connaissance parfaite des divers composants et de leurs qualités respectives. Cette étude analytique présente aussi un point fort délicat, c'est la séparation de la tourbe et de la matière animale.

Dans le travail qui va suivre, nous vous présentons successivement, M. le Préfet :

1.° Une méthode d'analyse pour les noirs factices ;

2.° Une méthode d'analyse pour les poudrettes ;

3.° Une méthode pour l'essai analytique des cendres et des charrées ;

4.° Une étude aussi complète que nous avons pu la faire de tous les éléments qui entrent aujourd'hui dans la fabrication des engrais composés et vendus dans la Loire-Inférieure.

ANALYSE POUR LES NOIRS FACTICES.

1.° Avant de procéder à tout autre examen du noir, le chimiste-vérificateur en prend quelques grammes qu'il humecte et qu'il triture avec de la chaux vive, afin de reconnaître s'il renferme des sels ammoniacaux.

2.º Le vérificateur reprend ensuite le noir dont il veut reconnaître la qualité, il en dessèche environ 30 grammes, il les pulvérise; puis il en prend cinq grammes dont il mesure le volume au tube gradué.

3.º Il calcine ensuite ces cinq grammes dans un creuset au contact de l'air; puis il en verse les cendres dans le tube gradué, afin d'en mesurer le volume.

4.º Il pèse les cendres, afin de connaître la perte de poids subie par le noir mis en expérience.

5.º Prenant de nouveau cinq grammes du noir qu'il a desséché précédemment, il les traite par une dissolution de potasse à l'alcool à 30 degrés de l'aréomètre de Baumé; le mélange doit bouillir pendant une heure; après quoi on l'étend d'eau, on le jette sur un filtre dont le poids est connu d'avance, puis on lave le résidu resté sur le filtre, jusqu'à ce que ce liquide cesse de se colorer.

6.º Le résidu séché, pesé, donne le poids

des matières dissoutes par la potasse ; il est mis à part et conservé pour une opération ultérieure.

7.º On verse dans la liqueur potassique de l'acide chlorhydrique en excès ; sous son influence, l'acide ulmique et la matière animale se séparent de la potasse et se précipitent ; on met alors le mélange sur le feu pour favoriser, par la chaleur, le rapprochement de la matière floconneuse, puis on jette de nouveau sur un filtre ; on recueille la liqueur qui s'échappe, laquelle est d'un beau jaune-orangé ; on lave enfin le filtre avec soin.

8.º Reprenant ensuite le précipité resté sur le filtre (précipité qui se compose de matière animale et d'acide ulmique), on le met en contact pendant une heure avec de l'acide acétique concentré. Cet acide dissout la matière animale sans agir sur l'acide ulmique ; on jette sur un filtre pesé d'avance et on lave l'acide ulmique resté sur ce filtre, d'abord avec de l'acide acétique, ensuite avec de l'eau ; on sèche alors à une chaleur ménagée pour volatiliser la portion d'acide acétique qui aurait pu échapper au lavage, et on pèse. Le poids de l'acide ulmique donne, par différence, celui de la matière animale.

Le procédé employé jusqu'ici dans l'analyse des noirs factices, nous donne : 1.º Le poids de la matière animale ;

2.º Le poids de l'ulmine.

Rien de plus facile que d'obtenir directement le poids du charbon et celui de la matière animale : le charbon, en calcinant dans un creuset le résidu du traitement par la potasse et pesant le nouveau résidu calciné. La matière animale, en l'extrayant de sa dissolution acétique et la pesant sèche. Cette dernière opération n'est pas sans inconvénient, car la matière animale attire fortement l'humidité ; son poids varie beaucoup selon son état hygrométrique. C'est pourquoi nous préférons constater son poids par différence ; il y a d'ailleurs, pour cela, un autre motif sur lequel nous reviendrons.

9.º Pour rechercher les sels solubles et insolubles que contient l'engrais à essayer, on
prend de nouveau cinq grammes de la masse
qui avait été desséchée primitivement, on les
met en contact avec de l'eau distillée à la température ordinaire ; on agite le mélange de
temps à autre, et au bout d'une heure on dé-
cante la liqueur ; il ne reste plus qu'à évaporer
pour obtenir les sels qui avaient été dissous.

Un peu de matière animale se dissolvant aussi
parfois dans cette opération, il est convenable
de laver le résidu de l'évaporation, soit avec de
l'éther, soit avec de l'alcool à 40º.

10.º On traite à chaud le résidu du lavage à
l'eau froide par l'acide chlorhydrique, comme
dans le procédé que nous avons exposé pour
l'analyse des noirs purs résidu de raffinerie, et
l'on obtient de la même manière la somme des
sels calcaires que le noir renferme.

11.º Il est souvent nécessaire, lorsque les
cendres fournies par la combustion du charbon
contenu dans le noir factice sont abondantes,

de laver le résidu avec de l'eau légèrement acidulée.

12.º Le poids de la silice se trouve aisément, comme dans l'analyse des noirs pur résidu de raffinerie; mais cette silice n'est pas toujours pure, elle peut contenir du silicate de chaux et d'autres substances insolubles dans l'eau et dans les acides.

Enfin, M. le Préfet, ce mode d'analyse, qui, au premier aspect, peut paraître un peu compliqué quand il s'agit seulement d'essai de matière commerciale, peut cependant s'appliquer à tout noir factice de manière à n'exiger que trois heures de travail par essai, de la part du chimiste-vérificateur; car, en résumé, l'opération, dans son ensemble, se traduit ainsi :

Opération résumée.

PREMIÈRE PARTIE.

1.º Essai préalable par la chaux vive pour reconnaître la présence de la matière azotée.

2.º Dessication et mesurage au tube gradué.

3.º Calcination du résidu, mesurage des cendres au tube gradué.

2.ᵉ PARTIE.

1.º Traitement par l'alcali caustique, filtrage, dessication du résidu, pesage.

2.º Traitement de la dissolution par l'acide chlorhydrique, chauffage, filtrage, lavage.

3.º Reprise du précipité lavé, traitement par l'acide acétique concentré, filtrage, lavage de l'acide ulmique, dessication, pesage. On a par différence le poids de la matière animale.

4.º En calcinant le résidu provenant du traitement par la potasse caustique (résidu dont le poids est connu par la première opération, deuxième partie), on a par différence le poids du charbon.

3.ᵉ PARTIE.

1.º Traitement de 5 grammes de matière desséchée neuve, par l'eau froide, filtrage, lavage du résidu insoluble par l'alcool ou l'éther, dessication, pesage, on a les sels solubles.

2.º Reprise du résidu par l'acide chlorhydrique bouillant, séparation des sels calcaires et magnésiens, s'il en existe, comme dans le procédé pour les noirs purs.

3.º Pesage du résidu terreux insoluble.

ANALYSE DES POUDRETTES.

Ce que nous venons de dire de l'analyse des noirs factices s'applique presque en entier à l'analyse des poudrettes ; ici, comme pour les noirs factices, on peut se servir de la dissolution d'alcali caustique, pour séparer toutes les substances qu'elle est susceptible de dissoudre ; ici encore, on peut utiliser avec succès la propriété que possède l'acide acétique de dissoudre la matière animale, sans attaquer l'acide ulmique pour séparer ces deux substances ; le mode d'analyse demandé sera donc celui-ci :

1.º Prendre 5 grammes de poudrette desséchée à 100º; traiter par l'eau distillée à la température de 40º pendant une heure; agiter de temps à autre et filtrer pour séparer les sels solubles.

2.º Sécher et peser le résidu, pour obtenir par différence le poids des matières dissoutes par l'eau dans ce premier traitement.

3.º Calciner ce résidu, le peser ensuite pour avoir le poids des substances organiques détruites par le feu, ainsi que celui des substances inorganiques insolubles dans l'eau.

4.º Traiter par la liqueur potassique 5 grammes de poudrette primitivement desséchée, puis débarrassée des sels solubles.

5.º Précipiter l'acide ulmique et la matière animale au moyen de l'acide chlorhydrique.

6.º Reprendre le précipité obtenu et en séparer la matière animale au moyen de l'acide acétique.

7.º Dessécher l'acide ulmique, le peser et obtenir ainsi par différence le poids de la matière animale.

2*

8.° Traiter le résidu de la calcination par l'acide chlorhydrique, pour en séparer les sels solubles dans cet acide.

9.° Laver, sécher, peser le résidu insoluble.

Au reste, Monsieur le Préfet, il suffira, dans beaucoup de cas, pour apprécier la valeur d'une poudrette donnée, de prendre cinq grammes de cette matière bien sèche et de la soumettre à froid, pendant une heure, à l'action de la potasse caustique, à 12 ou 15°. La colature filtrée donnera un précipité qui, lavé et sec, pèsera un gramme, si la poudrette est de bonne qualité.

Nous devons maintenant, Monsieur le Préfet, revenir sur le point de ces moyens d'analyse qui demande quelques explications. Vous avez remarqué, sans doute, que nous dosions la matière animale par différence; si on voulait l'extraire de sa solution acétique, il faudrait faire évaporer jusqu'à siccité cette solution; puis la traiter par de l'alcool à 40°, l'alcool jouissant de la propriété de dissoudre la matière animale sans attaquer les sels. Il faudrait encore prendre la liqueur contenant le chlorure de potassium, la faire évaporer jusqu'à siccité, et la traiter aussi par de l'alcool à 40°, afin de réunir la matière animale provenant de ce traitement à celle primitivement obtenue. L'évaluation directe de la matière animale contenue dans les noirs factices et même son appréciation par différence sont des opérations fort délicates, qui rendent l'analyse de ces noirs plus difficile de beaucoup que celle des noirs purs résidus de raffinerie.

La tourbe entre pour une grande proportion dans tous les noirs factices fabriqués dans le département de la Loire-Inférieure ; c'est un élément souvent employé et presque toujours mal apprécié, et sur lequel nous reviendrons ultérieurement.

La matière animale des noirs factices est fournie par le sang des boucheries, par la viande des chevaux d'équarrissage et autres animaux morts, par les latrines de Nantes et des petites villes du département ; enfin, par les résidus des tanneries. Nous étudierons aussi ultérieurement ces divers produits, ainsi que les autres substances qui entrent dans la confection des engrais de notre département.

Pour s'assurer d'une manière positive de la valeur du procédé analytique que nous venons de décrire, nous avons fabriqué des engrais avec des proportions déterminées de tourbe, de noir de fumée anglais et de matières fécales pour les uns, de sang pour les autres, puis nous les avons soumis aux réactions précitées.

1.º Cinq grammes de l'un de ces engrais traités à froid par la dissolution de potasse pure à cinq degrés, pendant une heure et demie, ont perdu seulement trois décigrammes, bien qu'ils continssent un gramme six centigrammes de matière animale.

2.º Cinq grammes du même engrais, préparés et desséchés de la même manière, ont été traités par la liqueur potassique à 10 degrés ; la perte a été, cette fois, de cinq décigrammes, et cependant, dans les deux cas, la matière dissoute par la potasse contenait une notable proportion d'ulmine.

3.º On a soumis cinq grammes du même engrais à l'action d'une liqueur potassique à 20 degrés, pendant une heure et demie et à une température de 80 degrés; la perte a été, cette fois, de 1 gramme 30; mais le résidu abandonné par la potasse, trituré avec de la chaux caustique, donnait beaucoup trop d'ammoniaque pour ne pas contenir une notable proportion de matière animale.

Ces essais successifs prouvent qu'il est difficile d'enlever la matière animale à l'excipient tourbeux, et qu'on ne peut y arriver qu'en dissolvant en totalité la tourbe elle-même.

CENDRES ET CHARRÉES.

L'étude d'une cendre ou d'une charrée comporte nécessairement des opérations nombreuses lorsque l'on veut qu'elle soit complète; nous allons les énumérer:

1.º On prend dix grammes de la substance à analyser que l'on traite par l'eau distillée à 40 degrés centigrades et l'on obtient une solution saline dont on détermine le degré à l'aréomètre en la ramenant à 100 grammes. Au besoin, l'on opèrerait sur le double ou le triple en ramenant la dissolution à 100 grammes.

Le degré aréométrique de la solution aqueuse reconnu, l'on procède par des essais divers à la détermination de la nature des sels qu'elle contient. Le nitrate d'argent indique les chlorures et les iodures. L'acide hydrochlorique décompose les carbonates avec effervescence et les acétates sans effervescence, sulfates et carbonates, précipitent par l'hydrochlorate de baryte. Les hydrosulfates de la dissolution, si elle en contenait, donneraient un précipité noir avec un sel soluble de plomb ou de mercure. D'un autre côté, tout en procédant à ces essais, l'on prépare une solution pour une analyse quantitative. Cette solution prête, et il est bon de la faire avec quinze grammes, on la partage

en trois. Dans la première on verse de l'hydrochlorate de baryte, on sèche et on pèse le
précipité; puis on sépare le carbonate du sulfate par l'acide arotique. Les chiffres propor-
tionnels de soude ou de potasse déterminés,
l'on verse du nitrate d'argent dans la première
liqueur, et les chlorures sont décomposés. Si
la liqueur ne contenait que des hydrochlorates,
des carbonates, des sulfates de potasse et de
soude, on obtiendrait maintenant les acétates
par différence; mais il n'en est pas toujours
ainsi. Il y a donc nécessité de prendre une
seconde solution et de précipiter la chaux et
la magnésie par un sous-carbonate. Le précipité obtenu, desséché, pesé, on le redissout
dans l'acide acétique et on le précipite de nouveau par un carbonate saturé qui ne précipite
pas la magnésie; enfin, on traite la troisième
solution par l'hydrochlorate de platine pour séparer la soude de la potasse. Ces opérations
sont, du reste, variables, à cause de la nature des
sels. Un traitement par l'acide hydrochlorique

et des expériences identiques donnent la nature et le poids de tout ce que cet acide a dissous. La calcination du résidu avec du charbon donne le moyen de reconnaître la quantité de sulfates insolubles.

Dans la pratique, on a fort peu besoin d'un procédé qui eût paru bien plus complexe, si nous l'avions exposé avec tous les détails que nous avons cru devoir supprimer.

Les cendres et charrées vendues dans le département peuvent-être analysées par le procédé suivant : 1.º On prend trente grammes de manière à essayer et on fait sécher à une température de 100º.

2.º On prend dix grammes de la cendre desséchée; on la traite par l'eau à une température de 40º, de manière à l'épuiser des sels solubles qu'elle contient, puis on sèche le résidu lavé et on le pèse.

3.º On reprend le résidu, on le traite par l'acide chlorhydrique étendu, on épuise le résidu, qui, lavé, séché, pesé, donne le poids des matières insolubles dans ces menstrues.

4.º On essaie la première dissolution pour connaître la nature des principaux sels qu'elle renferme.

5.º On essaie, dans le même but, la seconde dissolution.

6.º Enfin, on peut brûler, dans un creuset le résidu insoluble pour connaître le poids du charbon.

Cette analyse très-sommaire suffit aux besoins du commerce et de l'agriculture.

Nous croyons nécessaire maintenant, M. le Préfet, de joindre à ce qui précède quelques considérations sur les diverses substances qui servent ou qui pourraient servir, dans le département, à la fabrication des engrais pulvérulents.

TOURBE.

La tourbe que l'on peut se procurer dans le

département de la Loire-Inférieure provient des marais de Montoir ou de ceux de la Dive. Les premiers sont situés à l'embouchure de la Loire, les seconds sur le bord d'une petite rivière qui se réunit aux Thouet, près Saumur, avant d'arriver à la Loire. On emploie à Nantes fort peu de tourbe de la Dive, aussi n'avons-nous pu nous en procurer pour en faire l'analyse; nous savons seulement qu'elle est située dans le fond d'un bassin calcaire, qu'elle donne des cendres tantôt blanches, tantôt colorées, selon qu'elles contiennent ou ne contiennent pas d'oxide de fer; nous savons aussi que ces cendres abandonnent à l'eau une proportion notable de carbonate de potasse. Une croûte herbacée recouvre la surface des tourbières de la Dive; à 1 mètre de profondeur, on rencontre une tourbe molle, pâteuse, qui devient très-noire lorsqu'on la fait sécher au soleil; elle prend alors une consistance assez forte pour être moulue avec la plus grande facilité sous des meules horizontales ou verticales. Desséchée, coupée par morceaux et mise en tas considérable, cette tourbe est susceptible de fermenter à la manière de l'engrais Jauffret; elle donne alors un produit qui se dissout presque entièrement dans la potasse avec la plus grande facilité.

La tourbe de Montoir présente à peu près les mêmes caractères physiques que celle de la Dive; mais elle en diffère sensiblement par sa composition.

Il y a quelques années, l'un de nous eut occasion de l'étudier, et voici les résultats auxquels il est parvenu, résultats dont une vérification a prouvé l'exactitude.

100 grammes de cendre de tourbe brûlée à l'air libre ont fourni :

Sous-carbonate de soude. 0,67
Sulfate de soude. 7,41
Hydrochlorate de soude 21,00
     »   de chaux. 2,00
Sulfate de chaux. 5,71
Sous-carbonate de chaux. 13,07
Sous-carbonate et oxide de fer. . . . 13,84

Magnésie. 0,45
Alumine. 26,55
Silice. 7,24
Perte 2,06

                          Total. 100,00

100 grammes de tourbe très-inférieure, épuisés par l'eau bouillante , ont fourni une dissolution colorée en brun, contenant :

Sous-carbonate de soude. 0,072
Sulfate de soude 0,543
   »   de magnésie. 0,090
Hydrochlorate de soude. 2,500
      »   de chaux. 0,455
      »   de magnésie (traces)

Sesqui-oxide de fer . . . ⎫
Carbonate de chaux. . . . ⎪
Sulfate de chaux. . . . . ⎬ traces.
Silice. . . . . ⎪
Alumine. . . . . ⎭
Matière extractive végétale. 2,800

                                  6,460

La tourbe, traitée par l'alcool, a seulement coloré ce liquide.

L'acide hydrochlorique en a dégagé beaucoup d'acide carbonique.

38 grammes de tourbe prise indifféremment sur une grande quantité, ont été introduits dans une cornue de terre qui, elle-même, a été placée au foyer d'un fourneau à réverbère; l'allonge de la cornue se rendait (sous l'eau) dans un appareil de Woulf, dont le dernier tube se rendait sous l'eau.

A une légère chaleur, se sont dégagées des vapeurs abondantes, que leur couleur jaunâtre eût fait prendre pour du soufre; elles se sont condensées dans l'allonge, et l'eau des flacons, ainsi que celle de la cuve, a été traversée par des vapeurs blanches analogues aux vapeurs de la distillation des matières végétales.

Les gaz qui accompagnaient ces vapeurs, recueillis, se sont trouvés être des gaz acide carbonique, oxide de carbone et hydrogène carboné, dans l'ordre où nous les nommons; ils étaient accompagnés d'une forte odeur de tourbe.

La chaleur a été portée au rouge, et maintenue pendant une heure.

La cornue retirée et brisée était tapissée intérieurement d'une couche de charbon brillant, tel que le donne la calcination des matières végétales; une très-petite quantité de proto-sulfure de fer s'est trouvée dans le col.

Le charbon restant dans la cornue était réduit à treize grammes neuf décigrammes; il avait donc perdu 241 décigrammes.

Une matière de consistance d'extrait, d'une couleur noire-rougeâtre, tachetée de jaune, remplissait l'allonge et n'était autre que le résultat de la condensation des vapeurs colorées dont nous avons parlé. Elle exhalait à un très-haut degré l'odeur de tourbe. Traitée par l'eau chaude, elle s'y est dissoute, en colorant le liquide en brun, et a laissé sur le filtre une assez grande quantité d'une huile empyreumatique brune, qui s'est concretée par le refroidissement; cette huile, présentée au feu, s'est enflammée, en dégageant une odeur insupportable, sans aucun mélange d'acide sulfureux, et a brûlé, sans laisser de résidu, avec la flamme blanche de l'hydrogène carboné. Le liquide examiné a présenté des traces d'acide acétique ; et, malgré l'emploi des réactifs les plus sensibles, aidés du procédé de M. Balard, il n'a pas donné de traces d'iode. Si les fucus de nos côtes entraient dans la formation de cette tourbe, on y trouverait l'iode uni à la potasse, comme nous avons eu occasion de nous en convaincre par des expériences antérieures.

L'eau contenue dans les flacons offrait les caractères de la dissolution dont nous venons de donner la nature.

Le charbon de la cornue, très-léger, a été réduit en poudre et traité par l'eau distillée bouillante ; le résultat de la filtration avait un goût légèrement salé, et contenait les acides hydrochlorique, sulfurique, carbonique, unis à la soude, la chaux, la magnésie et un peu d'oxide de fer en suspension. Ce même charbon incinéré et traité par l'acide hydrochlorique a laissé dégager de l'acide carbonique, et la liqueur a donné de l'alumine, du fer en grande quantité, de la silice et des traces de magnésie.

Les cendres des tourbes des marais de Catiau, au-dessus du Pont-Château et de Brignen, au-dessous de la même ville, ont donné les résultats suivants pour 100 parties de cendres.

Tourbe de Catiau.

Sous-carbonate de potasse.	0,905
Sulfate de potasse.	0,819
Hydrochlorate de potasse.	0,050
Sous-carbonate de chaux.	13,300
Sous-carbonate de fer.	28,300
Magnésie.	0,050
Alumine.	37,380
Silice.	14,300
Eau et perte.	4,896
TOTAL.	100,000

Tourbe de Brignen.

Sous-carbonate de fer.	20,00
Sous-carbonate de chaux.	5,00
Sulfate de chaux.	10,00
Magnésie.	2,00
Sel cristalisant en houpes soyeuses que nous supposons une combinaison triple de sulfate de chaux, d'alumine et d'hydrochlorate de chaux	2,00
Alumine.	54,20
Silice.	4,00
Perte.	2,80
Total.	100,00

Poursuivant cette étude de manière à obtenir des résultats plus directement applicables à la fabrication des engrais, nous avons pris de la tourbe de première qualité telle que celle qui se vend à Nantes ; elle a été séchée et pulvérisée avec le plus grand soin ; puis mise en contact pendant dix heures avec de l'eau distillée. Le mélange a été souvent remué; il a filtré presque incolore; la liqueur saline, résultat de cette opération, desséchée jusqu'à siccité, a fourni quatre-vingt-quinze centigrammes de sels de soude; d'où nous devons conclure que l'on peut se procurer, dans les marais de Montoir, une tourbe contenant près d'un cinquième de substances salines.

Nous avons pris ensuite quelques grammes de la même tourbe, nous les avons triturés avec de la chaux caustique, et il s'en est dégagé de l'ammoniaque.

Ce qui prouve qu'elle contenait des substances azotées.

Pour connaître l'action des alcalis fixes sur la tourbe, nous avons pris cinq grammes de celle qui avait servi à nos précédents essais, et nous les avons traités par une solution de potasse caustique à cinq degrés, dans laquelle la tourbe a macéré pendant une heure et demie. La perte a été de quarante-cinq centigrammes.

Nous avons renouvelé l'expérience en nous

servant de potasse à dix degrés : la perte a été cette fois de cinquante-cinq.

Nous avons traité une troisième fois cinq grammes de la même tourbe par de la potasse à trente degrés, échauffée à la température de quatre-vingts degrés, et cette fois, la tourbe presque entière, s'est dissoute dans la potasse et transformée en acide ulmique.

Quelques conclusions ressortent évidemment de ces faits ; les voici : la tourbe pure, parfaitement divisée, ne saurait être, pour le sol, un simple amendement, puisqu'elle contient parfois près d'un cinquième de substance saline ; de là cette conséquence que 20 à 30 hectolitres de tourbe de Montoir, riche en sels de soude, peuvent former la fumure d'un demi-hectolitre de certaines terres. Cette conclusion acquiert encore un degré de certitude nouveau, si l'on tient compte des substances azotées et de l'acide ulmique naturellement contenu dans la tourbe.

L'action de la potasse sur la tourbe n'est pas un fait exceptionnel : la chaux produit aussi les mêmes résultats; mais, comme il est impossible en industrie de faire bouillir de la chaux avec de la tourbe pour obtenir un engrais à bon marché, il devient nécessaire de recourir à un autre procédé; c'est celui que l'on emploie journellement dans notre département, lorsqu'on fume avec de la chaux: prenez donc de la tourbe, qu'elle soit stratifiée avec de la chaux caustique, que le mélange soit brassé à la pelle à diverses reprises, et l'on obtiendra, comme dans un laboratoire de chimie, la transformation en ulmine, c'est-à-dire en une substance éminemment fertilisante de la masse presque entière de la tourbe.

Si, au lieu d'employer de la chaux, l'on emploie des matières fécales, la transformation de la tourbe en ulmine a encore lieu; de là cette règle consacrée par l'expérience que, pour faire de bons engrais avec de la tourbe, il faut qu'elle soit animalisée depuis long-temps, et qu'elle ait vieilli au contact des substances qui peuvent modifier sa constitution.

L'un des agriculteurs les plus habiles de l'Ile-et-Vilaine, M. Porteu, négociant à Rennes, et quelques autres à son exemple, fabriquent d'excellents engrais par le procédé suivant, ils établissent des couches successives de terre, de fumier, de viande de cheval, et de chaux; ils laissent le tout fermenter ensemble pendant plusieurs mois, puis ils brassent à diverses reprises; dans cette circonstance la chaux, facilite la décomposition de la matière animale et la transformation du fumier en ulmine. On pourrait donc, dans les localités où la tourbe est à vil prix, remplacer la couche de terre et la couche de fumier par une seule couche de tourbe ou par un mélange de tourbe, ou par un mélange de cendres de tourbe. Au bord de la mer, des poissons morts pourraient être substitués à la viande de cheval, et les plantes marines pourraient aussi entrer pour quelque chose dans la fabrication de ces compostes.

Il est bien de remarquer que le contact des cendres de tourbe avec la chaux est propre à rendre soluble une bonne partie de cette dernière, en vertu de la loi des doubles décompositions.

Toute l'industrie des marchands de noir de Nantes, que l'on appelle fraudeurs, consiste uniquement à mêler à des noirs, résidus purs de raffinerie, des tourbes noircies par divers procédés et plus ou moins animalisées.

Régularisée, cette industrie pourrait devenir aussi profitable à l'agriculture de nos départements de l'Ouest et au commerce de Nantes, qu'elle leur est nuisible aujourd'hui. De nombreux essais ont prouvé qu'un mélange de deux tiers de tourbe bien animalisée et d'un tiers de noir pur résidu de raffinerie donnent des résultats avantageux dans certains cas à la dose de 8 hectolitres à l'hectare. Cependant, le prix de revient est bien différent de celui du résidu de raffinerie, surtout si l'on se dispense de teindre la tourbe avec du noir de fumée ou de la poussière de charbon de terre, comme le font généralement les fraudeurs.

En effet, 100 hectolitres de noir pur de raffinerie valent généralement, à bord des navires, 1050 à 1100 francs ; dans le second cas, 100 hectolitres du mélange se composent de :

33 hectolitres de résidu de raflinerie valant. . . . . 363 fr.

70 hectolitres (environ) de tourbe valant à Nantes au plus. 70

7 barriques de sang à 10 francs. . . 70

Main-d'œuvre, etc. 20

Total. . . . 523 fr.

Le chiffre de 523 francs nous montre que l'industrie des noirs animalisés pourrait livrer au commerce des produits de bonne qualité, au prix modeste de 5 à 6 fr. l'hectolitre, ce qui porterait à 35 ou 40 francs au plus la fumure d'un hectare de terre, déduction faite des frais de transport.

Nous prenons la liberté, M. le Préfet, d'appeler toute votre attention sur ce fait si important pour la prospérité de nos campagnes. Le jour où les engrais animalisés, dont 8 hectolitres suffiraient pour la fumure d'un hectare, se vendraient à Nantes 5 francs l'hectolitre, et 6 à 7 au plus dans les arrondissements les plus éloignés; toutes les terres incultes seraient bientôt défrichées.

Tannée.

Ce que nous venons de dire de la tourbe s'applique, en grande partie, à la tannée, c'est-à-dire à cette substance qui forme le résidu de la poudre de tan après les opérations du tannage; mais la couleur habituelle de la tannée et la grosseur de ses molécules ont empêché jusqu'à ce jour, à Nantes, que l'on en fît usage pour la fabrication des noirs factices; aussi n'a-t-elle jamais été employée que pour faciliter la dessication des matières fécales dans la fabrication des poudrettes.

Les faits agricoles ont prouvé que la tannée ne peut être employée sans danger dans la fabrication des poudrettes, quand elle est fraîchement sortie des cuves. Il faut, disent les praticiens, qu'elle soit pourrie, expression que la science peut remplacer par cette autre, il faut qu'elle soit transformée en ulmine ; et, en effet, pour arriver à leur but, bon nombre de fabricants d'engrais ont souvent stratifiée la tannée avec de la chaux. A Nantes, la tannée est peu estimée ; on s'en sert pour fabriquer un combustible qui ne paraît pas donner un grand bénéfice à ceux qui le préparent; car nous avons vu des tanneurs l'employer à faire des remblais. D'autres la brûlent, afin de vendre les cendres aux blanchisseurs, qui les estiment beaucoup.

Si l'on brûle 100 kilog. de tannée bien sèche, l'on trouve qu'elle laisse un résidu de 7 kilog. et 500 gram. formé de cendres blanches très-fortement alcalines.

Charbon de terre.

Le charbon de terre ne donne aux noirs aucune propriété fécondante ; aussi n'a-t-il été utilisé que réduit en poussière et pour colorer la tourbe employée par les fraudeurs. M. le Préfet appréciera , s'il ne serait pas convenable d'en prohiber, en quelque sorte l'emploi , en signalant les fabricants qui en font usage.

Charbon de bois.

Le charbon de bois étant, dans nos contrées, d'un prix très-élevé, il s'ensuit que l'on n'en fait pas habituellement usage pour la coloration des tourbes. Quelques agriculteurs ont songé , depuis l'emploi à Nantes des résidus de raffinerie, sur une grande échelle, à fabriquer des noirs factices avec du charbon de bois et des matières animales ; mais ils ont dû y renoncer, les essais préparatoires tentés sur des terres pauvres ayant donné de mauvais résultats.

Noir de fumée.

Nos fabricants de noir emploient indifféremment, sous ce nom, des produits très-différents dont ils se servent uniquement pour donner à la tourbe une couleur plus rapprochée de celle des résidus purs de raffinerie qui nous viennent de Marseille et de Bordeaux. Les noirs de fumée qui se vendent à Nantes, viennent d'Angleterre, d'Amérique, de Paris et de Bordeaux. Ces deux derniers sont aussi des noirs exotiques. Ceux de Bordeaux viennent presque tous d'Angleterre. Les noirs que l'on nous a montrés appartiennent tous à deux classes distinctes : les uns étaient un charbon très-divisé, mêlé de peu de substances étrangères et contenant seulement quelques-uns des produits de la distillation des substances végétales ; les autres, au contraire, attiraient l'humidité avec une prodigieuse facilité, et, gras au toucher, trahissaient leur origine par la grande quantité de potasse carbonatée qu'ils contenaient. Nous savons, de science certaine, que la teinture en noir d'un hectolitre de tourbe coûte de 0 fr. 35 centimes à un franc, selon sa perfection et la quantité de noir employé sans ajouter sensiblement à la qualité du mélange, surtout lorsque le noir de fumée ne contient pas de potasse et ne mérite pas sa dénomination.

Charbon de tourbe.

Le charbon de tourbe a été employé pendant quelque temps à Nantes, pour la falsification des résidus de raffinerie ; mais, comme cette fraude donnait peu de bénéfice, on y a renoncé. Le charbon de tourbe, qui se trouve aujourd'hui dans le commerce, ne mérite pas ce nom. C'est un mélange fin, doux au toucher, très-bien moulu, de tourbe carbonisée, de tourbe torréfiée et de tourbe à l'état naturel parfaitement bien desséchée. Pour préparer ce mélange, on prend de la tourbe émottée que l'on fait sécher à l'air le plus possible ; puis on la met dans une chambre en briques chauffée à l'extérieur ; au bout de quelque temps, on ouvre une trappe placée à la partie supérieure de

cette chambre ; alors il se dégage des torrents
de vapeur d'eau chargée de vapeurs empyreu-
matiques, et l'on obtient une carbonisation incomplète. Cependant, à ce produit qui renferme,
comme nous l'avons déjà dit, de la tourbe carbonisée, de la tourbe torréfiée et de la tourbe
non altérée, mais seulement desséchée, l'on
ajoute habituellement, au moment de la mouture,
une certaine quantité de tourbe sèche. Le tout,
sous la pression d'une meule verticale, s'écrase,
se mêle et se noircit de manière à pouvoir être
revendu comme charbon de tourbe servant à
noircir la tourbe pure. Si l'on considère que la
tourbe, même légèrement carbonisée, perd au
moins cinquante pour $^o/_o$ de son poids, et qu'elle
perd les deux tiers au lieu de la moitié, quand
la carbonisation a été complète, l'on arrive à
considérer le charbon des tourbes salées comme
pouvant faire la base d'un engrais excellent
pour certaines terres et pour certaines récoltes,
mais dangereux chaque fois que l'agriculteur
pourra redouter l'enlèvement trop prompt des

sels solubles par les eaux des pluies. Des tourbes contenant quinze, vingt, vingt-cinq de substances salines donneront, si on les réduit à moitié de leur volume, des produits deux fois plus riches en sels, à volume égal, que les tourbes originelles. Ce produit sera trois fois plus riche en sels, si les tourbes ont été tout à-fait carbonisées. Malheureusement, la carbonisation en vase clos de masses de tourbe est commercialement impraticable, et la carbonisation à l'air libre répand une fumée bien gênante pour les voisins.

Charbon de Warech.

Plus riche encore en substances salines que le charbon de tourbe, le charbon fait avec les plantes marines a servi pendant quelque temps à augmenter le volume des résidus purs de raffinerie. Mais, comme un hectolitre de cette substance revient encore, après mouture, à cinq ou six francs au fabricant, selon son habileté plus ou moins grande à manier les ouvriers, on l'a bientôt trouvé d'un prix trop élevé pour faire de la fraude, et l'on a renoncé à l'employer autrement que pour teindre en noir la tourbe pure.

La composition d'un échantillon de charbon de Warech que nous avons examiné, était celle-ci : pour 100 grammes de warech.

Charbon imparfait (1).	15,5
Substances solubles dans l'eau. . . .	
Substances solubles dans l'acide azotique.	17,5
Résidu.	
Perte.	67,0
TOTAL.	100,0

(1) Le charbon dont il s'agit a été fait dans le but de savoir combien, au *maximum*, les fabricants de charbon pourraient retirer de leurs warechs, et il ne mérite pas le nom de charbon. Complétement carbonisé, il eût donné seulement 5, grammes 5 de charbon, et non pas 15,5.

La composition d'un échantillon de charbon de tourbe traité de la même manière a été :

Matière végétale plus ou moins cabonisée. 50

Sels solubles dans l'eau. 14,3

Substances solubles dans l'acide azotique. 25,6

Résidu. 10,1

(100 gr. de tourbe avaient donné 35,6 de charbon.)

TOTAL. 100,0

En 1836, l'on a vendu , dans les départements du Morbihan et des Côtes-du-Nord , une grande quantité de résidus de raffinerie mêlés de charbon de warech. Cet engrais a été employé par les agriculteurs , pour la récolte des blés-noirs , et a donné d'excellents résultats. Pendant quel-

---

Nous donnons plus lo`n le détail du chiffre 17,5 à l'article des cendres de warech ; mais peu-être serait-il plus avantageux pour l'agriculture que les warechs, pressés comme le foin que l'on envoie aux colonies , fussent rendus directement transportables dans l'intérieur des terres,

que temps, il a existé à l'Ille-d'Hédic une fabrique de charbon de warech; il serait à désirer que cet établissement existât encore, et que l'autorité favorisât, sur les bords des côtes, les usines ayant pour but de donner aux plantes marines une forme susceptible de faciliter leur transport dans l'intérieur des terres.

Suie.

La composition de la suie est la suivante, d'après deux analyses que nous avons faites :

PREMIÈRE ANALYSE.

Charbon.	4,0
Matière bitumineuse	33,1
Matière extractive.	19,3
Acétate, carbonate, sulfate et phosphate de chaux.	22,2
Sels de potasse et de soude.	6,2
Sels d'ammoniaque.	2,4
Eau	10,3

Perte   2,5
                                                  ————
                                                  100,0

2.e ANALYSE.

Charbon   4,7

Matière bitumineuse.   29,1

Matière extractive.   20,5

Acétate, carbonate, sulfate et phosphate

   de chaux   25,6

Sels de potasse et de soude.   7,2

Sels d'ammoniaque.   1,0

Eau.   11,9

Perte.   0,0
                                              ————
                                              100,0

Cendres et charrées.

Il est extrêmement rare que les fabricants
d'engrais du département fassent entrer les cendres et les charrées dans la fabrication de leurs
noirs factices, ou qu'ils s'en servent pour frau-

der les résidus purs de raffinerie : leur couleur et la grosseur de leurs molécules s'opposent à cet emploi. Mais ils les vendent en quantités considérables sous leur forme naturelle, ou bien ils s'en servent pour la fabrication des poudrettes.

Voici l'analyse de quelques cendres :

N.º 1. — *Cendre de Warech* (1).
(Essai fait sur 10 grammes.)

Sels solubles 4,65
Sels solubles seulement dans l'acide azo-
    tique ou dans l'acide hydrochlorique. .   3
Résidu contenant du charbon 2,35

N.º 2. — *Cendre de tourbe.*
Sels solubles dans l'eau.   3

---

(1) Autre cendre de Warech :
Sels solubles 4,66
Sels solubles dans un acide. 3,34
Résidu. 2,00

Sels solubles seulement dans les acides azotique ou hydrochlorique. . . . . . } 5,60

Résidu 1,40

N.º 3. — *Cendre de tannée.* 3,05

Sels solubles dans l'eau. . . . .

Sels solubles dans les acides azotique ou

hydrochlorique 4

Résidu. 2,05

N.º 4. — *Charrée prise à Pont-Rousseau.*

Sels solubles dans l'eau. 0,10

Sels solubles dans les acides azotiques

ou hydrochlorique. 7,15

Résidu. 2,75

N.º 5. — *Charrée de tourbe très-pure.*

Sels solubles dans l'eau. 0

Sels solubles dans l'acide hydrochlorique. 8,06

Résidu 1,04

N.º 6. — *Charrée de tourbe de Pont-Rousseau.*

Sels solubles dans l'eau. 0,01
Sels solubles dans l'acide hydrochlorique. 7,80
Résidu. . . . . , ... 2,10

N.º 7. — *Cendres lessivées de bois de Pont-Rousseau.*

Substances solubles dans l'eau. 0,1
   Id.   solubles dans l'acide hydrochlo-
      rique 7,90
Résidu sec. 2
                        —————
                        10.

N.º 8. — *Cendre lessivée de Pont-Rousseau.*

Substances solubles dans l'eau. 0,15
   Id.   dans l'acide hydrochlorique. . 7,05
Résidu sec. 2,80
                        —————
                        10.

N.º 9. — *Cendre lessivée de Pont-Rousseau.*

Substances solubles dans l'eau. 0,2
    Id.   dans l'acide hydrochlorique. . 7,55
Résidu sec. 2,25
                                 ———
                                 10.

N.º 10. — *Cendre de bois très-pure.*

Sels solubles dans l'eau. 6,00
    Id.   dans l'acide hydrochlorique. . 3,40
Résidu. 0,50

Le degré de l'aréomètre n'est pas proportionnel à la quantité de substance saline contenue
dans la dissolution, aussi ne l'avons-nous pas
fait figurer dans les analyses qui précèdent. Le
plus simple examen suffit, du reste, pour faire
reconnaître que les cendres non lessivées l'em-
portent de beaucoup sur les cendres lessivées ;
si tous les agriculteurs ne savent pas en faire la
différence, c'est qu'il en est un grand nombre
qui n'ont jamais employé directement de bonnes

cendres non lessivées. Les cendres de tourbes marines et de warechs présentent, de plus, l'avantage de pouvoir être employées avec de la chaux et de donner naissance a des doubles décompositions. Nous avons remarqué aussi, dans un échantillon de cendre venue d'Auray, une substance analogue à l'albumine végétale, et formant une proportion de deux à trois centièmes. Nous sommes portés à croire que ce fait est général, mais nous n'oserions l'affirmer. Nous pensons, toutefois, que si les cendres de warech étaient connues dans l'intérieur du département, leur prix atteindrait bientôt cinq francs l'hectolitre, et qu'elles seraient employées concurrement avec le noir, surtout pour les prairies.

Chaux.

Le prix de la chaux éteinte et réduite en poussière est beaucoup moindre que celui du noir, de la charrée et de la poudrette ; aussi n'est-il pas rare que l'on en fasse usage pour des sophistications. Nous avons vu, dans les chantiers de la route de Bordeaux, de la charrée que le vendeur nous a dit en confidence contenir, à sa connaissance, moitié de chaux. Quelques fabricants d'engrais ajoutaient, les années dernières, une notable proportion de chaux aux résidus de raffinerie. C'était une manière de frauder sans altérer le titre accordé aux noirs par l'analyse. Nous avons fait des essais dans cette direction, et voici l'un de nos résultats :

Prenez tourbe noircie et animalisée, soit 10 hectolitres; ajoutez-y un poids égal de chaux en poudre; triturez et brassez avec le plus grand soin. Prenez une portion de ce mélange, soit 10 hectolitres, mêlez-les avec 10 hectolitres de résidus purs de raffinerie de Nantes, de Marseille ou de Bordeaux; mêlez et brassez de nouveau avec le plus grand soin, et vous obtiendrez 20 hecto. d'un mélange qui aura l'aspect du noir de Hambourg et sera un assez bon engrais, si la tourbe employée était fortement animalisée,

A l'analyse, ce noir donne une très grande proportion de carbonate de chaux. La tourbe qu'il contient, fortement altérée déjà par la chaux, se dissout dans la potasse avec la plus grande facilité, ce qui prouve qu'elle est à l'état d'ulmine. On y trouve environ moitié moins de phosphate de chaux que dans les noirs de raffinerie et une quantité de carbonate plus considérable que la quantité de chaux dont on a fait usage, par deux raisons faciles à saisir.

Terres noires.

Quelques marchands d'engrais, voulant noircir leurs tourbes à meilleur marché qu'avec le noir de fumée et la lie de vin carbonisée, se sont imaginés d'employer la pierre noire de Châteaubriant, moulue et réduite en poussière. D'autres ont acheté pour cet usage, à la Haie-Longue et dans quelques autres houillères, des poussières qui n'avaient d'autres qualités que celle de la couleur. Plusieurs bateaux chargés de ces matières à frauder sont entrés depuis 1830 dans notre ville, où leurs chargements ont été utilisés. Peut-être serait-il utile que l'emploi de ces substances tout-à-fait inertes fût prohibé, comme celui de la poussière de charbon de terre, par la plus grande publicité donnée aux noms de ceux qui en feraient usage.

SUBSTANCES ÉMINEMMENT FERTILISANTES

EMPLOYÉES DANS LA FABRICATION DES ENGRAIS.

Chair musculaire.

La chair musculaire est fournie à Nantes par les chantiers d'équarisssage, et se compose, en grande partie, de viande de cheval. On la réduit en bouillie dans une autoclave à une pression de deux atmosphères, et c'est sous cette forme qu'elle est utilisée. Quinze cents livres ou 750 kilog. de chair de cheval donnent, avec l'eau employée, cinq barriques de produit et 40 kilog. d'os auxquels il reste fort peu de gélatine. Si l'on prend un kilogramme de chair musculaire, si on le dessèche, si on le réduit

en poussière, on obtient seulement 250 gram.
de produit, ce qui prouve que chaque barrique
de bouillon d'équarissage renferme 122 kilog. de
viande à l'état frais, ou 40 kilog. de viande
sèche. La quantité de chair musculaire, dont on
peut disposer dans une ville comme la nôtre,
pourrait suffire, si elle était utilisée pour la fabrication des engrais à l'animalisation de dix
mille hectol. de tourbe par année, en comptant
dix hectolitres de tourbe pour une barrique de
produits d'équarissage, ou 10 à 12 kilogrammes
de mauvaise viande sans os pour 50 kil. de
tourbe. Voici dans l'état actuel des choses le
produit de quatre chevaux pesant dépecés 750
kilogrammes.

Peaux des 4 chevaux. . . . . 40 fr.　» c.

Crins. . . . . 3　　　»

Sabots. . . . . 0　　60

Os, 40 kilog. environ. . . . . 3　　　»

Graisse pour mémoire. . . . . »　　　»

Bouillons, cinq barriques. . . . . . 50　　　»

Total. . . . . 96　　60

Quelques-uns des chevaux que l'on abat à Nantes, dans l'établissement de l'équarrissage, donnent jusqu'à dix litres de sang ; ce sang est en général, très pesant, et marque sept degrés à l'aréomètre de Beaumé.

Sang des boucheries.

Le sang que nos bouchers vendent aux fabricants d'engrais, ne marque habituellement que 3 degrés 1|2 à quatre degrés à l'aréomètre de Beaumé, ce qui prouve que la qualité en a été modifiée par l'addition d'une certaine quantité d'eau.

Si l'on se procure, dans nos boucheries, du sang à sept degrés, si on le dessèche, si on le réduit en poussière, l'on obtient, par kilog., 180 à 200 gram. de résidu.

Le sang se vend habituellement, à Nantes, 10 fr. la barrique rendu au chantier du fabricant d'engrais. Les barriques sont à sa charge. Une barrique de sang peut être employée pour animaliser dix hectolitres de tourbe. Quelques fabricants emploient ou ont employé pour vingt hectol. de tourbe, une barrique de sang et une barrique de matières fécales, ce qui est moins actif. Cependant, ces proportions sont bien supérieures à celles utilisées dans la fabrication des noirs connus sous le nom de noirs mêlés.

Rognures des tanneries.

Ce produit n'a guère été employé jusqu'à ce jour dans la fabrication des engrais : les seuls essais tentés dans notre ville, l'ont été par l'un de nous. Nous devons en conclure que les rognures humides valent la viande des équarrissages. Le prix des rognures des tanneries est trop élevé pour que l'on en fasse régulièrement usage, les tanneurs ne voulant s'en défaire d'une manière avantageuse pour les fabricants d'engrais, que dans les temps humides, et lorsqu'il leur devient difficile de les dessécher.

Rognures des peaux tannées.

Ces rognures, qui se décomposent avec la plus grande lenteur, ne peuvent servir d'engrais pour les récoltes; c'est tout au plus si l'on pourrait s'en servir pour activer la végétation des arbres, en les déposant dans les trous de ceux que l'on plante.

Charbon de cuir.

C'est tout-à-fait à tort que l'on a prétendu que le cuir carbonisé jouissait de propriétés fertilisantes toutes spéciales, ou bien il est complétement carbonisé, auquel cas son charbon n'a rien qui lui puisse assigner une supériorité quelconque, ou il est simplement torréfié, et alors il doit être considéré comme un mélange de charbon et de tannate de gélatine. C'est en vain que l'on prétendrait, dans le dernier cas, lui assigner une valeur végétative qu'il ne possède en aucune manière. Les désirs

des spéculateurs ne sauraient, en aucune façon, sous ce rapport, prévaloir contre les faits.
Si la théorie porte à préjuger peu favorable-
ment du cuir torréfié, la pratique confirme cette
opinion. Des agriculteurs l'ont essayé pur sans
aucun succès. Il y a déjà cinq, ou six ans que
le Comité de Salubrité a répondu, dans ce sens,
pour la question qui nous occupe ; aussi est-il
surprenant qu'une question qui semblait complétement jugée, soit mise de nouveau sur le
tapis.

La facilité avec laquelle ce cuir se carbonise
dans un appareil à griller le café a porté, dans
les derniers temps, quelques industriels à s'en
occuper de nouveau sans savoir ce qu'ils prétendaient faire. Nous présumons qu'ils ne s'en
serviront que pour teindre de la tourbe et lui
donner une couleur noire; mais nous préfère-
rions de beaucoup, sous ce rapport, le charbon
de warech, qui, tout en donnant un résultat
semblable, ajouterait à la qualité du produit.

Résidus des fabriques de colle forte.

Ce produit, d'une odeur infecte, n'entre que difficilement dans la fabrication des engrais pulvérulents, auxquels il ne peut que donner de bonnes qualités. M. Hectot a fait, sur ces résidus, l'expérience suivante, dont les agriculteurs devraient savoir tirer parti : il en met dans une barrique d'eau destinée à des arrosements quelques kilogrammes (deux ou trois au plus), et s'en sert, au bout de plusieurs jours, pour arroser les plantes qui souffrent de la sécheresse et celles qui sont malades. L'effet de cette eau animalisée est admirable, surtout sur les pêchers ; quelques verres suffisent pour rappeler à la vie des pêchers jaunes et flétris ; quelques verres de plus les tuent.

Matières fécales.

Les matières fécales se vendent régulièrement, à Nantes, de trois à quatre francs cinquante centimes la barrique, rendues sur le chantier du fabricant d'engrais.

Remarquons, à ce sujet, les prix comparés des diverses substances employées à Nantes dans les engrais, et de quelques engrais naturels :

Noir pur de Marseille, à bord des navires, 11 à 11 fr. 50 c.

Noir pur de Hambourg, à bord des navires, 10 à 11 fr.

Noirs purs de Russie à gros grains, 8 fr. 50 c. à 9 fr.

Poudrette de Montfaucon égale au noir en qualité, 10 fr.

Poudrette de Lorient, 3 fr. 50 c.

Tourbe en poudre non animalisée et non noircie, 75 c. à 1 fr.

Tourbe en poudre noircie, 1 fr. 50 c. à 4 fr.

Pierre noire de Châteaubriant, les 100 kil. 5 fr.

Noir de fumée provenant de la carbonisation des lies de vin, les 100 kil. 66 fr.

Noir de fumée proprement dit, 45 fr.

Chaux vive à Nantes, l'hectolitre, 2 fr. 60 c.
(elle double de volume quand on l'éteint.)

Charrée de l'Hôtel-Dieu, l'hectolitre, 4 fr. 50 c.

Charrée du haut de la Loire, 3 fr.

Cendres de tourbe non lessivées, 75 c.

Cendres de tannée, l'hectolitre, 3 fr.

Cendres de Varech prises à Auray, 50 c.
à 2 fr. 50 c.

Cendres des foyers où on ne brûle que du bois,
3 fr. 15 c. à 4 fr.

Noir de Varech pur, rendu à Nantes, 6 fr.
(L'hectolitre pesant plus de 100 kil.)

Prix de revient de l'hectolitre du charbon de
cuir, 4 fr. 50 à 5 fr.

Résidu de colle forte, la barrique, 5 à 10 fr.

Bouillon d'Equarrissage, la barrique, 10 fr.

Sang, la barrique, 10 fr.

Matières fécales, la barrique, (moyenne) 3 fr.
50 c.

Eaux ammoniacales de l'usine à gaz, 2 fr.

Bouillon de tripes, pris à l'abattoir, 5 c.

Os non moulus, les 50 kil., 3 fr. 50 à 4 fr.

Suie, l'hectolitre , 2 à 2 fr. 50 c.

La matière fécale forme une ressource puissante pour l'agriculture; aussi, croyons-nous devoir, M. le Préfet, vous prier, au nom des laboureurs du département, de faire prévaloir à Nantes les fosses mobiles inodores sur les fosses fixes vidant leur trop-plein par des égouts. Voici maintenant quelques analyses de poudrettes que nous avons faites, pour nous mettre en mesure de vous répondre.

1.º *Poudrette pure.*

Matière extractive et sels solubles. . . 26 , 0
Matière animale. . . . . 61 , 2
Matière végétale. . . . . 6 , 8
Sels calcaires et perte. . . . . 6 , 0
------
100 , 0

2.º *Poudrette faite à Nantes*

Matière extractive et sels solubles. . 6 , 2

Ci-contre.	6 , 2
Matière animale.	8 , 4
Charbon.	25 , 0
Sable.	33 , 2
Sels calcaires.	23 , 4
Perte	3 , 8
	100 , 0

3.º *Autre poudrette de Nantes.*

Matière extractive et sels.	7 , 0
Matière animale.	26 , 0
Matière végétale	20 , 0
Sable.	46 , 0
Perte.	1 , 0
	100 , 0

Ces chiffres, M. le **Préfet**, parlent bien haut; si la poudrette de Montfaucon valait à Nantes, quand on en faisait usage, 10 et 11 fr. l'hectolitre, c'est que cette poudrette contenait trois ou quatre fois plus de matière animale que celles qui se vendent régulièrement 3 fr. 50 c. Ce-

pendant, M. le Préfet, il est bon de vous soumettre quelques faits curieux qui prouvent que
la matière animale, selon les provenances, a
des degrés d'activité bien différents.

Si on emploie comparativement de la poussière
de sang desséché et de la poussière de chair
musculaire, le résultat est le même ; il est bien
moindre, si on se sert de poudrette pure , mais
les sels ammoniacaux donnent sensiblement le
même résultat que les poussières animales.

Si on prend de la tourbe , ou une poussière
tout-à-fait inerte pour dessécher du sang ou du
bouillon d'équarrissage, le résultat est identique,
pour des quantités égales de substances fertilisantes, mais il est à peine de moitié avec
de la matière fécale.

Ajoutez à un hectolitre de tourbe, par la
voie humide, cinq kil. de sang sec, cinq kil.
de viande sèche, cinq kil. de sels ammoniacaux ,
et dans bien des circonstances les résultats
seront identiques.

Arrosez un bout de prairie avec du sang

pur, avec du bouillon d'équarrissage, ou une solution concentrée de sels ammoniacaux, et l'herbe sera brûlée.

Arrosez la même étendue avec des matières fécales, et l'herbe ne sera pas brûlée, à moins que vous ne multipliiez la dose.

Faites absorber à un hectolitre de tourbe pure quarante kilog. de sang à sept degrés, et vous aurez un produit qui, dans les vieilles terres, a donné à notre connaissance, un résultat supérieur à celui des résidus purs de raffinerie.

Un chimiste très-habile de Maine-et-Loire, M. Baudron, l'ancien concurrent du professeur des Gobelins, nous a raconté, sur les effets du sang desséché, l'anecdote suivante qui doit trouver place ici :

Connaissant l'activité du sang et voulant en faire usage pour féconder une tombe d'asperges, M. Baudron saupoudra cette tombe avec les restes d'une certaine quantité de sang qui lui avait servi à fabriquer du bleu de Prusse ; mais il obtint un résultat bien différent de celui qu'il attendait : la dose se trouva trop forte ; et, pendant plusieurs années, la tombe d'asperges se trouva frappée d'une entière stérilité. Cependant, au bout de six ans, une branche de figuier enterrée dans cette tombe, et que l'on croyait morte, ranimée par l'excitation puissante qu'elle avait reçue, se prit à pousser d'une belle végétation, tandis qu'à côté l'herbe ne poussait pas encore.

On a voulu, dans ces dernières années, se servir du sel marin sali par des matières animales et du goudron ; mais la proportion de ces matières n'étant pas assez considérable, il fut facile à l'un de nous de calciner le mélange et d'en extraire, par un moyen fort simple, de très-beau sel blanc. Si, comme le pensent généralement les agriculteurs, le sel est un excellent engrais, quand il entre dans la formation des fumures et des compôts, il serait facile d'établir au bas de la Loire des fabriques d'engrais qui seraient une source de prospérité pour le département, sous le double rapport industriel et agricole.

Admettons, par exemple, qu'on fasse les mélanges suivants : Chaux non éteinte, 20 hectol.; sel marin, 10 hectol.; tourbe pure en poudre, 150 hectolitres. Ou encore : sel marin, 10 hectol.; matières fécales, 5 barriques; tourbe pure, 100 hectol. Ou encore : têtes de sardines, 5 barriques ; sel marin, 10 hectol.; chaux non éteinte, 10 hectol.; tourbe pure en poudre, 150 hectolitres. Tous ces mélanges seront de nature à être employés avec avantage, soit purs, soit mêlés avec du fumier, du noir ou de la charrée, sans que le fisc ait à s'inquiéter du sel, parce que, d'une part, le sel se trouvera décomposé, et que, d'autre part, il sera mêlé à trop de substances étrangères pour qu'il y ait bénéfice à l'en extraire pour le revendre au commerce.

Eaux ammoniacales.

Les eaux ammoniacales de l'usine de gaz de

Nantes contiennent du sulfidrate et du carbonate d'ammoniaque dans des proportions variables; elles pèsent habituellement 5 degrés en moyenne à l'aréomètre de Beaumé, versées pures ou même étendues d'eau sur le sol; elles détruisent toute végétation; mais on peut s'en servir de la manière suivante : on prend quatre à cinq litres de lie de vin, vingt litres d'eaux ammoniacales, un hectolitre de tourbe, et l'on abandonne le mélange à la fermentation. Il se produit alors du carbonate et de l'ulminate d'ammoniaque, et le tout devient un excellent engrais.

Les Anglais se servent d'un autre procédé ; ils arrosent le champ à labourer avec l'eau ammoniacale, au moins un mois avant de se servir de la charrue; c'est alors l'acide carbonique de l'air qui remplace, par une lente décomposition, l'acide sulfidrique, si vénéneux pour les plantes. Cette méthode a l'avantage de détruire toutes les mauvaises herbes et d'économiser sur les frais de sarclage.

Pour que notre travail fût aussi complet et aussi utile que possible au département, il serait bon, M. le Préfet, qu'il fût accompagné d'une note statistique sur les sources d'engrais que renferme la Loire-Inférieure, donnant approximativement :

La quantité de sang fournie par les boucheries du département ;

La quantité de chevaux abattus chaque année ;

La quantité d'animaux morts enfouis sans profit pour l'agriculture ;

La quantité de matières fécales que Nantes livre au commerce, et celle que l'établissement de fosses mobiles inodores lui permettrait de livrer ;

La quantité de barriques de bouillons de tripes qui coulent aujourd'hui dans le touc de l'Abattoir ;

L'indication de toutes les localités renfermant de la chaux et de celles où on l'exploite ;

Le chiffre approximatif des mètres cubes de warech recueillis sur nos côtes ;

Le chiffre des barriques de têtes de sardines fournies par nos usines de conserves alimentaires ;

Le chiffre des bateaux consacrés aujourd'hui au transport, à Nantes, de la tourbe qui entre dans les noirs mêlés, et le chiffre approximatif des hectolitres de cette tourbe ;

Enfin, tous les autres renseignements que la matière comporte.

De notre côté, M. le Préfet, heureux des rapports que ce travail nous a permis d'avoir avec vous, nous nous empresserons de vous faire connaître ultérieurement ce que nous aurons appris.

Les membres de la commission :

PIHAN-DUFEILLAY , D.-M., *Président ;* COX, D.-M.; L. LE SANT, pharmacien, LELOUP, directeur de l'École Primaire Supérieure ; A. GUÉPIN, D.-M., *Rapporteur.*

Nous faisons suivre les rapports de la commission des Actes Administratifs de la Préfecture de la Loire-Inférieure.

POLICE DES ENGRAIS.

Circulaire du 19 mai 1841, adressée par M. le Préfet de la Loire-Inférieure à MM. les Maires du département.

MESSIEURS,

Je viens de prendre un arrêté concernant le commerce des engrais. Il est transcrit à la suite de cette circulaire, et vous le recevrez en même temps en placards.

J'ai cherché à conserver à ce commerce la liberté la plus entière dans le choix des substances proposées pour fertiliser la terre et à mettre en même temps les acheteurs à l'abri des fraudes dont ils ont à se plaindre aujourd'hui. Il dépendra toujours d'eux, non pas de savoir si une matière qu'ils n'ont pas essayée ou vu essayer, convient à la nature de leur terrain, mais au moins de s'assurer que le vendeur ne les trompe jamais sur le nom de la substance vendue; de telle sorte qu'un agriculteur, satisfait de l'espèce d'engrais qu'il a acheté sous un certain nom, soit toujours sûr d'obtenir le même engrais, en le demandant sous le même nom.

Les articles 1, 2, 3, 4, 5 et 6 obligent tout marchand d'engrais à faire connaître, sans qu'une erreur, sans qu'une équivoque soit possible, le nom de l'engrais ou des engrais qu'il vend. Je vous invite à ne pas autoriser les noms qui vous sembleraient offrir des chances de fraude, par leur ressemblance avec les noms d'engrais déjà connus, et différents de ceux que le marchand veut introduire dans le commerce.

Les articles 7, 8, 9, 10 et 11 indiquent par quels moyens on constatera régulièrement, avant la mise en vente, et de manière à pouvoir y recourir en cas de contestation, la nature de l'engrais auquel un nom est assigné. Les analyses expliqueront, non-seulement la composition chimique de la substance envoyée, mais encore toutes les propriétés que l'examen pourra faire découvrir, en ce qui concerne l'homogénéité, la couleur, l'état de division, le poids sous un volume donné, l'odeur, etc.; le chimiste vérificateur conservera dans un bocal une portion de l'engrais envoyé comme type.

Le point de départ bien déterminé, il convenait d'empêcher les altérations frauduleuses : les articles 12, 13 et 14 y pourvoient. Ils permettent à l'administration d'exercer une surveillance continue sur le commerce des engrais, et de réprimer toute tentative qui serait faite pour vendre, sous un nom autorisé, un engrais

d'une qualité inférieure : les analyses des échantillons envoyés par MM. les Maires dans les
circonstances voulues par l'arrêté, seront faites
aux frais du département.

Pour compléter les garanties données contre
la fraude, les articles 15, 16 et 17 tracent à l'a-
cheteur la marche qu'il doit suivre, afin d'é-
clairer ses transactions; comme il pourrait naître
des abus de la faculté de demander des analyses, l'acheteur sera tenu de payer les frais
de l'opération qu'il aura exigé, par suite d'un
injuste soupçon. Si la fraude est reconnue, les
dépenses faites pour l'analyse feront partie
des frais à réclamer au fraudeur. La publicité
donnée aux résultats des expériences et aux
jugements intervenus sera un encouragement
pour les négociants honnêtes et une juste flé-
trissure appliquée aux individus sans probité.

L'article 19 indique comment seront dirigées
les poursuites contre tout marchand qui ne rem-
plirait pas les formalités imposées par les ar-

ticles 1, 2, 3, 4, 5 et 6, qui tromperait les acheteurs sur la qualité de sa marchandise.

L'article 20 concerne la publicité à donner à l'arrêté, pour que tous les acheteurs connaissent les garanties données contre la fraude, et dispose qu'un placard sera constamment affiché dans les lieux de vente.

Je vous invite, Messieurs, à vous occuper immédiatement de l'exécution de cet arrêté, qui sera certainement efficace, si vous exercez une scrupuleuse surveillance sur les marchands d'engrais.

Vous voudrez bien m'adresser, quinze jours après l'apposition des placards et les publications faites, la liste des marchands qui auront fait la déclaration mentionnée à l'article 5, et vous y joindrez une note de ceux qui n'auront pas accompli cette formalité; il leur sera fait application de l'article 16. S'il n'existe pas de marchands d'engrais dans la commune, vous devrez m'envoyer un état négatif.

Successivement ensuite, Messieurs, vous

m'adresserez les échantillons que vous aurez pris, en conformité de l'article 6. Il est à désirer que vous enfermiez ces échantillons (1) dans des fioles cachetées, toutes les fois que vous aurez une voie sûre de communication. La substance envoyée ainsi sera moins sujette à s'altérer ou à se perdre en partie dans le trajet. Pour que la faible quantité recueillie représente le mieux possible la qualité moyenne de l'engrais, je vous prie de faire creuser le tas à une assez grande profondeur, et de faire mêler à la pelle, aussi bien que possible, le volume total de matière que l'on aura retiré en creusant le trou ; c'est sur le résultat de ce mélange que l'échantillon devra être prélevé ; la qualité moyenne de l'engrais sera d'autant mieux représentée, que l'on aura mis plus de soin à mêler

(1) Du poids de 200 à 250 grammes, représentant un volume de 1/5 de litre environ.

les différentes couches situées à la surface et à diverses profondeurs.

Si vous ne pouvez envoyer l'échantillon dans une fiole, il sera nécessaire que vous le fassiez sécher suffisamment pour qu'il ne puisse donner aucune humidité au papier qui le renfermera. Cette dessication s'opèrera, autant que possible et si le marchand y consent, en sa présence et avant la clôture de l'enveloppe ; si le marchand refuse de se prêter à cette précaution, vous fermerez et cachetterez le paquet, comme l'arrêté le prescrit, et vous le ferez sécher, tout fermé, à une douce chaleur, avant de me l'adresser.

Dans les cas ordinaires, lorsqu'une personne sûre, venant directement à Nantes, ne pourra pas se charger de me remettre, en votre nom, les échantillons d'engrais, vous devrez, Messieurs, les faire parvenir, par la voie qui sera la plus facile, au Maire du chef-lieu de canton, ou au Maire de la localité la plus voisine en communication directe, soit avec Nantes, soit avec le chef-lieu de l'arrondissement. Ce fonctionnaire en délivrera récépissée, et m'expédiera, sans délai, les échantillons par la première voiture de passage.

Les frais de transport seront acquittés à Nantes, à la Préfecture d'après les mémoires que vous certifierez. Un avis de chaque envoi devra d'ailleurs m'être adressé par la poste, par le Maire expéditeur, le jour même où il se dessaisira des échantillons.

Recevez, Messieurs, etc.

Le Préfet de la Loire-Inférieure,

A. CHAPER.

ARRÊTÉ DU 19 MAI 1841.

NOUS, PRÉFET DE LA LOIRE-INFÉRIEURE,

Vu les lois du 22 décembre 1789 et du 28 pluviôse an VIII, qui chargent les Préfets de l'administration générale des départements ;

Vu la loi du 18 juillet 1837, art. 10, qui charge les Maires « de la police municipale et » de l'exécution des actes de l'autorité supé- » rieure qui y sont relatifs; »

Vu les lois du 14 décembre 1789, art. 50, et des 16-24 août 1790, section 11, qui définissent la police municipale et classent parmi ses attri- butions « l'inspection sur la fidélité du débit » des denrées qui se vendent au poids, à l'aune » ou à la mesure; »

Vu les arrêts de cassation des 20 septembre et 31 octobre 1822, qui constatent le droit at- tribué aux Préfets « de faire directement des » règlements sur les objets de police munici- » pale, lorsqu'il s'agit des mesures générales » d'un égal intérêt pour toutes les communes » du département; »

Vu l'article 423 du Code pénal, qui punit d'un emprisonnement de trois mois à un an, d'une amende de 50 francs au moins, et de la confiscation des objets du délit, quiconque aura trompé l'acheteur sur la nature d'une marchan- dise quelconque;

Vu la délibération du Conseil-Général de la Loire-Inférieure du 26 août 1840, qui invite instamment l'administration départementale à prendre toutes les mesures nécessaires, pour la répression de la fraude à laquelle se livrent un grand nombre de marchands d'engrais ;

Considérant que le commerce des engrais a pris une importance immense dans le département de la Loire-Inférieure, et que ce développement a donné lieu à des spéculations frauduleuses funestes à l'agriculture ;

Considérant que les moyens de fraude les plus usités sont : 1.º L'altération des substances connues dans le commerce comme susceptibles de servir d'engrais ;

2.º L'application des noms d'engrais connus à des substances d'un aspect semblable, mais de natures différentes ;

3.º Cette même application mensongère de noms, avec une très-légère modification, qui puisse n'être pas aperçue par l'acheteur, et que le fraudeur puisse cependant faire valoir, en cas de poursuite pour contrefaçon ou falsification;

Considérant qu'il est impossible de fixer d'une manière absolue quelles sont les matières qui doivent être classées comme engrais;

Considérant qu'en prenant des mesures pour la répression de la fraude, il importe de respecter la liberté du commerce et de réserver aux agriculteurs le droit illimité d'essayer toutes les substances qu'ils jugeront propres à fortifier le sol;

AVONS ARRÊTÉ ET ARRÊTONS :

ARTICLE PREMIER.

Tout commerçant vendant des matières quelconques non liquides, désignées comme propres à fertiliser la terre, devra inscrire, sur un écriteau placé à la porte de chacun de ses magasins, le nom de l'engrais qu'il débite.

Art. 2.

Si plusieurs espèces d'engrais sont contenues dans un même magasin, chacune d'elles devra être enfermée dans une case distincte entièrement séparée des autres, et portant sur un écriteau le nom particulier de l'espèce d'engrais.

Art. 3.

Si l'engrais mis en vente n'est pas un de ceux qui sont déjà connus dans le commerce, sous des noms spéciaux, le débitant pourra donner à sa marchandise tel nom qu'il voudra, excepté les noms déjà adoptés par le commerce; toutefois, ce nom devra être approuvé par l'autorité municipale. Il sera refusé, s'il prête à erreur ou à équivoque.

Art. 4.

Le nom de l'engrais sera écrit sur les enseignes et écriteaux intérieurs sans abréviations, en lettre d'une grandeur uniforme, et de vingt centimètres au moins de hauteur, de manière à être lu facilement et à ne pouvoir être confondu avec aucun autre.

Art. 5.

Dans la quinzaine qui suivra la promulgation du présent arrêté, tous les marchands d'engrais devront faire, à la Mairie du lieu où sont établis leurs dépôts, la déclaration du nom de leur engrais, et devront établir les enseignes disposées comme il est dit ci-dessus.

Art. 6.

Aucun marchand d'engrais ne pourra commencer, à l'avenir, ce commerce, avant l'accomplissement de ces deux formalités.

Art. 7.

Aussitôt que le Maire aura reçu la déclaration du débitant, il se transportera au dépôt d'engrais, ou enverra un délégué, à l'effet de prendre, sur les tas des diverses qualités qu'aura déclarées le débitant, un échantillon de chaque qualité. Cet échantillon, du poids de 200 à 250 grammes, sera enfermé dans un papier ou dans une fiole que le débitant cachettera lui-même, après avoir inscrit sur une étiquette intérieure, signée de lui, le nom donné à l'engrais. Le paquet sera, au besoin, renfermé dans un sac de toile, pour pouvoir être expédié à Nantes, sans danger de rupture.

ART. 8.

Le chimiste chargé de l'analyse des engrais préviendra, 10 jours au moins à l'avance, le marchand d'engrais, du lieu, du jour et de l'heure où sera faite l'analyse de ses échantillons. Cet avis sera transmis par l'intermédiaire du Maire, qui en demandera récépissé au marchand, et nous l'adressera immédiatement. Le délai de 10 jours pourra être abrégé, sur la demande écrite du marchand.

Art. 9.

Au jour et à l'heure fixés, le chimiste désigné ci-dessus rompra le cachet du vase ou du papier qui renferme l'échantillon, en présence du marchand, s'il s'est rendu à l'invitation reçue, ou en son absence, s'il n'a pas jugé devoir se présenter ; l'analyse de l'échantillon sera faite immédiatement, et le résultat en sera consigné sur un registre coté et paraphé par nous.

Art. 10.

Le résultat de l'analyse sera transmis au Maire qui aura envoyé l'échantillon, et restera déposé au secrétariat de la Mairie, où il sera communiqué à tous ceux qui désireront en prendre connaissance. Le Maire en délivrera copie certifiée au marchand.

Art. 11.

Si l'échantillon analysé a été désigné par le marchand sous un nom d'engrais déjà connu , et si l'analyse justifie cette dénomination, le marchand sera autorisé à conserver la désignation adoptée.

Si l'analyse n'est pas d'accord avec cette désignation, le marchand sera tenu de changer le nom qu'il avait donné ; en cas de refus, procès-verbal en sera dressé et nous sera envoyé.

Art. 12.

MM. les Maires sont invités à visiter ou à faire visiter fréquemment les dépôts des marchands d'engrais, pour s'assurer que toutes les dispositions ci-dessus sont exactement observées.

Art. 13.

Si, dans une de ses visites, un inspecteur d'agriculture, un Maire ou son délégué, croit reconnaître quelque altération dans la qualité des engrais dont les échantillons ont été fournis et analysés, il devra en prélever immédiatement un nouvel échantillon en présence du marchand ou de ses représentants, et de les requérir de cacheter et de signer le papier dans lequel l'échantillon sera enfermé, et sur lequel le nom de l'engrais sera inscrit tel que le porte l'écriteau fixé au-dessus du tas. En cas de refus, le fonctionnaire requérant cachettera et signera lui-même l'enveloppe de l'échantillon ; il dressera procès-verbal de son opération et du refus qu'il aura éprouvé. Le tout nous sera envoyé, et il sera procédé, comme il est dit aux articles 8, 9 et 10 ci-dessus, à l'ouverture du paquet et à l'analyse de la substance contenue.

Art. 14.

Si le résultat de l'analyse constate une altération notable sur la qualité de l'engrais, comparativement avec la qualité essayée lors de la déclaration du marchand, toutes les pièces seront transmises à **M.** le Procureur du Roi pour obtenir la punition de la fraude.

Art. 15.

Tout acheteur qui soupçonnera quelque falsification dans la nature de l'engrais mis en vente, aura droit de requérir le marchand de prélever sur la quantité vendue un paquet de 200 grammes environ cacheté et signé par le marchand ou ses représentants., et portant le nom inscrit au-dessus du tas. Ce paquet sera déposé à la Mairie pour nous être transmis ; il sera procédé comme il vient d'être dit pour l'examen de la substance suspecte, et pour la répression de la fraude, s'il y a lieu.

Art. 16.

Si le marchand refuse de signer et de cacheter le paquet contenant l'échantillon, l'acheteur pourra requérir le Maire, qui procèdera comme il est dit à l'article 7.

Art. 17.

L'acheteur qui aura provoqué l'examen chimique, prendra par écrit l'engagement de payer, s'il y a lieu, les frais de l'analyse , sauf recours contre qui de droit; cet engagement sera joint au paquet cacheté.

Art. 18.

La plus grande publicité possible sera donnée aux résultats de ces épreuves et aux jugements des tribunaux qui pourront intervenir.

Art. 19.

Quiconque vendra des engrais sans avoir rempli les conditions prescrites par les six premiers articles du présent arrêté, sera poursuivi en simple police, en vertu de l'art. 471, n.º 15 du Code Pénal, et de plus traduit en police correctionnelle, s'il a trompé les acheteurs en attribuant faussement à sa marchandise le nom d'un engrais connu dans le commerce.

Art. 20.

Le présent arrêté sera publié et affiché dans

toutes les communes. Un exemplaire en placard devra toujours être affiché dans chaque magasin d'engrais.

Nantes, le 19 mai 1841.

Le Préfet de la Loire-Inférieure.

A. CHAPER.

Circulaire du 24 juillet 1841, adressée par M. le Préfet de la Loire-Inférieure à MM. les Maires du département.

MESSIEURS,

L'article 3 de mon arrêté du 19 mai, concernant la police des engrais, dispose que, si l'engrais mis en vente n'est pas un de ceux qui sont déjà connus dans le commerce, sous des noms spéciaux, le débitant pourra donner à sa marchandise tel nom qu'il voudra, excepté les noms déjà adoptés dans le commerce ; que, toutefois, ce nom devra être approuvé par l'autorité municipale ; qu'enfin, il sera refusé, s'il prête *à erreur ou à équivoque.*

J'ai reçu d'un certain nombre d'entre vous les états des déclarations faites à leur Mairie, conformément à l'article 5 de l'arrêté ; l'examen de ces états m'a paru nécessiter quelques explications, sur les noms qui peuvent être approuvés, sur ceux que les marchands d'engrais doivent changer.

Beaucoup d'engrais sont vendus sous les noms de *noir d'engrais, noir mélangé, noir de Marseille,* etc.; ou bien sous le nom de *charrée,* sans épithète ; d'autres sont dits, *charrée de Chinon, charrée du Pays-Haut, charrée de Rochefort, cendres de Rochefort,* ou reçoivent d'autres dénominations vagues qui ne peuvent être conservées ; car elles peuvent s'appliquer à tous les engrais de couleur noire ou à toutes les cendres, quelle que soit la nature du combustible. Si l'on ne veut pas donner aux cendres un nom de fantaisie, il faut au moins qu'on spécifie si elles proviennent de la combustion du bois, du varech, etc., et si elles sont lavées ou non, attendu que, dans ces différents cas, les qualités qui les font rechercher comme engrais, varient d'une manière notable. La désignation du lieu d'origine, pour les engrais noirs comme pour les cendres, serait insuffisante, puisque, du même lieu, il peut venir des engrais noirs très-différents et des cendres lavées ou non, de divers combustibles. Il faudra donc, pour les engrais composés, donner un nom purement arbitraire, attendu que le détail de la composition serait trop long sur une enseigne; et, pour une cendre à laquelle on ne voudra pas donner un nom de fantaisie, dire: *cendre lavée* ou *cendre non lavée de bois, de tourbe, de varech,* etc.

Je me réserve d'ailleurs l'approbation définitive des noms que vous m'aurez signalés; car vous comprenez que le même nom peut être donné, dans plusieurs localités différentes, à des matières entièrement dissemblables, ce qui occasionnerait des méprises et des contestations. Vous voudrez donc bien inviter MM. les marchands d'engrais à ne pas faire la dépense des écriteaux qui leur sont prescrits, avant d'avoir reçu mon autorisation pour la dénomination à donner à leurs engrais.

J'insiste de nouveau, Messieurs, sur l'accomplissement des formalités que je vous ai recommandées, pour le prélèvement des échantillons. Les échantillons d'engrais doivent être pris par vous, ou par un délégué, en observant les précautions diverses indiquées par ma circulaire du 19 mai (page 127 du Recueil Administratif) ; le prélèvement doit être fait en présence du débitant, qui désigne lui-même le nom donné à l'engrais, et ce nom est inscrit sur une étiquette mise dans le paquet ; ce paquet est ensuite fermé par le Maire, toujours en présence du débitant, et l'ouverture en est scellée avec le cachet de la Mairie, de telle sorte qu'on puisse constater, avant l'analyse, que le paquet a été conservé intact, et que l'échantillon qu'il contient est bien celui qui a été prélevé en présence du marchand. Il est bien entendu que le nom inscrit sur le papier renfermé dans le paquet doit être répété dans la lettre d'envoi, pour que je puisse juger s'il est acceptable, et vous adresser immédiatement mes instructions.

Quelques observations m'ont été adressées par MM. les commerçants d'engrais au sujet des garanties que les analyses doivent présenter au commerce de bonne foi. J'avais prévu cette juste sollicitude ; pour y répondre, j'ai pris les mesures suivantes :

J'ai nommée une commission composée de cinq chimistes que la notoriété publique m'a désignés comme s'occupant plus particulièrement d'analyse de ce genre ; (1) j'ai prié ces Messieurs de vouloir bien dresser, de concert avec M. le chimiste vérificateur, un programme du mode d'analyse le plus sûr et le plus convenable à

---

(1) C'est le travail de cette commission que nous publions.　　　　　　　(*Note de l'Éditeur.*)

employer, pour connaître en peu de temps la composition des engrais que livre le commerce. Ce programme, dès qu'il sera approuvé, devra être suivi dans l'analyse, et chaque marchand intéressé aura droit de s'assurer que l'essai auquel il sera appelé, sera fait suivant la méthode prescrite.

Dans le cas où une analyse serait contestée, plusieurs membres de la commission, au choix du commerçant, seront invités à la répéter eux-mêmes, en présence de M. le chimiste-vérificateur et des personnes que le commerçant lui-même appellera pour être témoins de l'opération. C'est le résultat de cette analyse qui sera envoyé à M. le Procureur du Roi, s'il y a fraude. Les frais de ces expertises seront à la charge de qui de droit.

Ces explications m'ont paru nécessaires pour répondre à diverses questions que m'ont adressées plusieurs d'entre vous, Messieurs les Maires; je m'empresserai de concourir avec vous de tous mes efforts pour arriver à réprimer une fraude dont l'agriculture a eu tant à souffrir

Recevez, Messieurs, etc.

Le Préfet de la Loire-Inférieure·

A. CHAPER.

Circulaire à MM. les Maires du département, concernant la police du commerce des engrais.

Nantes, le 10 avril 1842.

Messieurs,

Je suis informé que dans plusieurs communes du département, mon arrêté du 19 mai 1841, sur la police des engrais, n'est pas complétement exécuté, et que la surveillance scrupuleuse qu'il importe d'exercer sur les marchands d'engrais, dans l'intérêt de l'agriculture, laisse encore à désirer sur quelques points. Le moment me paraît venu de vous rappeler les dispositions principales de cet arrêté, veuillez vous en bien pénétrer et en assurer la complète exécution. C'est le plus sûr moyen de mettre fin aux plaintes dont le commerce des engrais est encore l'objet.

Vous devez, Messieurs, vous assurer que tous les marchands d'engrais établis dans vos communes ont fait la déclaration des matières qu'ils mettent en vente (art. 5 et 6). Cette déclaration doit être renouvelée, par le marchand, chaque fois qu'une nouvelle qualité d'engrais est par lui mise en vente. Il doit faire connaître le nom qu'il prétend donner à son engrais. En cas de refus de déclaration ou de négligence de sa part, il y a lieu d'en dresser procès-verbal, et de me l'envoyer sans délai.

Lorsque le marchand a déclaré le nom de l'engrais qu'il se propose de débiter, l'administration a le devoir d'en faire constater régulièrement la nature. A cet effet, l'article 7 vous trace la marche que vous avez à suivre ; vous devez vous transporter au dépôt de l'engrais, en prélever un échantillon avec les précautions qui vous ont été déjà indiquées, et me l'adresser. J'en ferai faire l'analyse par le chimiste-vérificateur, qui en conservera une portion comme terme de comparaison. Cette portion sera déposée dans un vase cacheté par le marchand ou son représentant, qui aura été invité à assister à l'analyse. En cas d'absence de leur part, cette absence sera constatée par le chimiste-vérificateur, qui appliquera son propre cachet.

Le résultat de l'analyse vous sera transmis, et je vous ferai connaître, en même temps, le nom sous lequel l'engrais peut être mis en vente. Vous tiendrez la main à ce que ce nom soit seul apposé sur l'écriteau que chaque marchand est tenu de placer à la porte de son magasin, ou sur la case particulière de chaque engrais, si le magasin en contient plusieurs espèces.

Ces dispositions seraient sans efficacité, si vous ne vous assuriez, par de fréquentes visites, que la qualité des engrais dont les échantillons ont été envoyés par vous et analysés, n'a pas été altérée. Si vous avez lieu de soupçonner une semblable fraude, l'article 13 fournit à l'administration le moyen d'en assurer la répression, et vous devez y recourir. Un nouvel échantillon de l'engrais sera prélevé par vous, et vous me l'adresserez. Si le résultat de l'analyse qui en sera faite constate une altération notable sur la qualité de l'engrais, le marchand sera déféré aux tribunaux, sauf toutefois la faculté qui lui est réservée de demander une nouvelle analyse faite contradictoirement.

Telles sont, Messieurs, les dispositions principales de mon arrêté du 19 mai dernier, sur lesquelles je crois devoir appeler votre attention. Mes efforts pour faire cesser les plaintes si légitimes des agriculteurs, et moraliser le commerce des engrais que tant de fraudes ont discrédité, seraient impuissants sans une active surveillance locale. Les graves intérêts qui sont engagés dans cette question me font une loi de réclamer de votre part le concours le plus entier.

Recevez, Messieurs, etc.

Le Préfet de la Loire-Inférieure,

A. CHAPER.

LIBRAIRIE DE P.^{er} SEBIRE,

PLACE DU PILORI, N.º 5, A NANTES.

AGRICULTURE, JARDINAGE, etc.

Veillées Villageoises, ou Entretiens sur l'Agriculture Moderne, à l'usage des Écoles Primaires, par Neveu-Derotrie, inspecteur d'agriculture du département de la Loire-Inférieure; ouvrage approuvé par l'Université. (5.ᵉ Édition.) 1 vol. in-18; prix: 1 fr. 50 c.

Tableau Synoptique de la Nature et des Productions du Sol, dans le département de la Loire-Inférieure. In-plano, colombier; prix: 2 fr. 50 c.

La Pomone Française, ou traité des arbres fruitiers taillés et cultivés d'après la fructification et la végétation particulière à chaque espèce,

par *Lelieur, de Ville-sur-Ace.* (Nouvelle édition.) 1 vol in-8.º; prix : 2 fr.

Traité complet de la Culture des Melons ,
ou Nouvelle Méthode de cultiver ces plantes
sans cloches, sur buttes et sur couches, par
Loisel, 1 vol. in-18; prix : 2 fr.

La Pomologie Française, recueil des plus
beaux fruits cultivés en France ; ouvrage orné
de magnifiques gravures en couleur, avec un
texte descriptif et usuel , rédigé par A. Poireau.
— Paraissant par livraison in-folio , à 1 fr. 50 c.
la livraison.

Calendrier du Bon Cultivateur, ou *Manuel
de l'Agriculteur praticien ,* par A. C. *Mathieu
de Dombasle ;* édition revue, augmentée et
ornée de planches , 1 vol. in-12.

Le Bon Jardinier, par A. Poireau et Vil-
morin, 1 gros vol. chaque année, avec planches;
prix : 7 fr.

Pratique Simplifiée du Jardinage, par Louis
Dubois, 1 vol. in-12 avec planches.

Théorie de l'Horticulture, ou Essais descriptifs, selon les principes de la physiologie, sur les principales opérations horticoles, par *John Lindley*, traduit de l'anglais par Ch. *Lemaire*, 1 vol. grand in-8.º avec planches dans le texte; prix: 9 fr.

Systéme Sexuel des Plantes d'après Linnée. Tableau in-plano; cart.; prix : 1 fr.

Classification des Plantes Phanérogames, par Emile Pradal, d'après la méthode naturelle de *Jussieu*, modifiée par Loiseleur-Deslongchamps et adoptée par Mérat. Tableau in-plano, cart.; prix: 1 fr. 25 c.

Commentaire sur la Loi des Vices rhédibitoires, par Neveu-Derotrie, inspecteur d'agriculture du département de la Loire-Inférieure. (*Sous-presse*).

FIN.

TABLE.

—

 Pages.

Note de l'éditeur.   v

Études agricoles. . . . .   vij

Préface. . . . .   jx

Premier rapport de la commission des engrais.   1

Seconde partie.   18

Deuxième rapport de la commission des engrais.   34

Analyse pour les noirs factices.   35

Opération résumée.   40

Première partie. . . . .   *Id.*

Deuxième partie.   41

Pages.

Troisième partie. 41
Analyse des poudrettes. 42
Cendres et charrées. 47
Tourbe. 51
Tourbe de Catiau. 58
Tourbe de Brignen. 59
Tannée. 66
Charbon de terre. 67
Charbon de bois. 68
Noir de fumée. 68
Charbon de tourbe. 70
Charbon de Varech. 72
Suie. 75
Première analyse. . . . . *Id.*
Deuxième analyse. 76
Cendres et charrées. . . . . *Id.*
Chaux. 81
Terres noires. 83
Substances éminemment fertilisantes em-
   ployées dans la fabrication des engrais. 84
Chair musculaire. . . . . *Id.*

Pages.

Sang des boucheries. 86

Rognures des tanneries. 87

Rognures des peaux tannées. 88

Charbon de cuir. . . . . *Id.*

Résidus de fabriques de colle forte. . . . 90

Matières fécales. . . . . *Id.*

Eaux ammoniacales. 100

Police des engrais. 103

Circulaire du 19 mai 1841, adressée par
M. le Préfet de la Loire-Inférieure à MM.
les Maires du département. . . . . *Id.*

Arrêté du 19 mai 1841. 110

Circulaire du 24 juillet 1841, adressée par
M. le Préfet de la Loire-Inférieure à
MM. les Maires du département. . . . 122

Circulaire à MM. les maires du département, concernant la police du commerce
des engrais. 128

FIN DE LA TABLE.

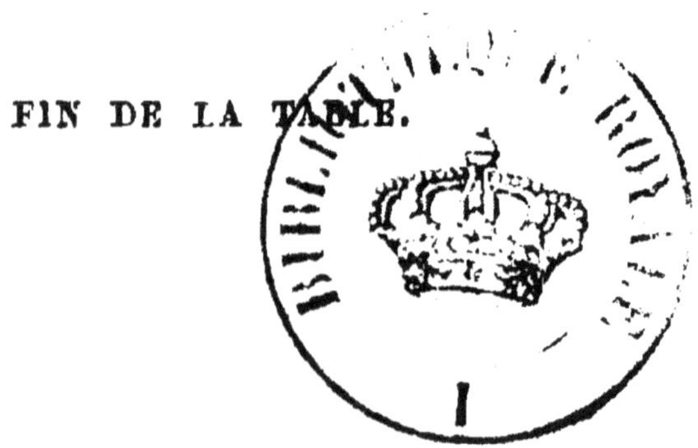